国家中等职业教育改革发展示范学校特色教材
（电子技术应用专业）

电学技术基础

杨 帆 陈 敏 主 编

刘吉祥 董一冰 副主编

中国财富出版社

图书在版编目（CIP）数据

电学技术基础 / 杨帆，陈敏主编 . —北京：中国财富出版社，2014.9

（国家中等职业教育改革发展示范学校特色教材 . 电子技术应用专业）

ISBN 978 - 7 - 5047 - 5277 - 2

Ⅰ. ①电… Ⅱ. ①杨… ②陈… Ⅲ. ①电子技术—中等专业学校—教材 Ⅳ. ①TN

中国版本图书馆 CIP 数据核字（2014）第 138381 号

策划编辑　崔　旺		责任印制　方朋远	
责任编辑　葛晓雯		责任校对　杨小静	

出版发行	中国财富出版社（原中国物资出版社）		
社　　址	北京市丰台区南四环西路 188 号 5 区 20 楼	邮政编码	100070
电　　话	010 - 52227568（发行部）	010 - 52227588 转 307（总编室）	
	010 - 68589540（读者服务部）	010 - 52227588 转 305（质检部）	
网　　址	http://www.cfpress.com.cn		
经　　销	新华书店		
印　　刷	北京京都六环印刷厂		
书　　号	ISBN 978 - 7 - 5047 - 5277 - 2/TN · 0001		
开　　本	787mm×1092mm　1/16	版　次	2014 年 9 月第 1 版
印　　张	14.75	印　次	2014 年 9 月第 1 次印刷
字　　数	306 千字	定　价	29.00 元

前　言

当今世界已步入了以电子技术为基础平台，以微电子技术和数字电子技术为特征的信息时代，特别是进入 21 世纪的第二个十年，电子技术在国民经济的各领域发挥了更为重要的作用，和人们的工作、学习、生活息息相关、密不可分。同时，《电学技术基础》是职业技术学校电子类、电气类、机电类等专业的一门重要的专业基础课程。无论对学生的思维习惯、创新能力以及用电工技术解决实际问题的能力培养，还是对后序课程的学习，都具有十分重要的作用。

为了让职业技术学校的学生和电子技术爱好者快速有效地学习和掌握电子技术，我们本着"必需、实用、够用、好用"的原则，克服理论课内容偏深、偏难的弊端，根据职业技术教育教学改革的目标和要求，针对职业技术学校学生以及初学者的特点进行编写。在编写强化理论知识的实用性的同时，突出技能训练，力求实现：浅——内容实用、通俗易懂；宽——知识面宽、有一定的科普性；新——新技术、新材料、新产品、新工艺和新的发展趋势；实——技能实用的特色。

本教材由杨帆、陈敏任主编，刘吉祥、董一冰任副主编。其中，第一章至第三章由杨帆、陈敏编写；第四章、第五章由刘吉祥、董一冰编写；全书由杨帆审稿、统稿。

本教材在出版前作为校内教材讲义使用多年，经过多次修改。同时教材的编写得到了学校领导的肯定和支持，负责参加教材编审的人员均为学校的教学骨干，从而保证了本教材的编写得以按计划有序地进行，并为本教材的编写提供了充分的技术保证，在此向所有提供帮助者一并表示衷心的感谢。

由于编者水平有限，对于本教材中的不足和疏漏之处，恳请广大同行和读者批评指正，以便今后修改提高。

编　者

2014 年 5 月

前　言

目　录

第一章　安全用电

电，是人类最早认识的自然现象之一。伴随着人类文明的进程，人类对电的认识逐渐加深，并在不断地探索、运用电能，从而享受着电给人类带来的好处。在现代社会，对于人们的生产、生活而言，电是一种不可缺少的重要能源。

可是人们也必须牢记：电，犹如一只力大无穷的"野兽"，在人们的约束下，它无穷的力量能给我们带来巨大的利益，但它毕竟是一只"野兽"，只要人们有一刻的松懈、麻痹，它就会脱离约束，给人们的生命、财产安全带来危害。所以现代社会中，人们在认识电、了解电、使用电的同时，还必须时时刻刻警钟长鸣，让它始终在人们的约束下，为人类创造更大的财富。

第一节　电对人的危害

电对人类的危害主要分为两大类：对人类的直接伤害（触电、雷击）和间接伤害（由电引发的火灾等）。

在这里我们仅介绍电的直接伤害（触电、雷击）。

一、什么是触电

触电或雷击是由于人体直接接触电源，受到一定量的电流通过人体致使组织损伤和功能障碍甚至死亡。触电时间越长，机体的损伤越严重。低电压电流可使心跳停止（或发生心室纤维颤动），继之呼吸停止。高压电流由于对中枢神经系统强力刺激，先使呼吸停止，再随之心跳停止。雷击是极强的静电电击。高电压可使局部组织温度高达2000～4000℃。可迅速引起组织损伤和"炭化"。肢体肌肉和肌腱受电热灼伤后，局部水肿，压迫血管，常伴有血管闭塞，引起远端组织缺血，坏死。触电的危险程度，随通过人体的电流量的大小和触电时间的长短而定，但也与当时的电路情况有关。同时，还随触电者的体质、年龄、性别的不同而异。即便是同一个人，也随其当时身体和周围的状态不同而有不同的影响。

例如，被60赫兹一定强度的电流触电时，心脏肌肉每秒钟颤动60次，因而发生痉挛。产生痉挛而受损的心脏，要自行复原是很罕见的，以致大多数在数分钟内即死亡。

一秒钟对人类来说，虽然是短暂的一瞬，但是对电却是很长的时间。因此，必须牢记，触电时即使通电时间为 1~2 秒，也是很危险的。

再从电压方面看，人体的电阻分为皮肤电阻（潮湿时约 2000 欧姆，干燥时为 5000 欧姆）和体内电阻（150~500 欧姆），随着电压的升高，人体的电阻则相应降低。若接触高压电而发生触电时，则因皮肤破裂而使人体的电阻大为降低，此时，通过人体的电流即随之增大。此外，接近高压电时，还有感应电流的影响，因而是很危险的。

二、雷电的形成与预防

雷电是人类最早认识的电。那么雷电又是如何形成的呢？

（一）雷电的成因

太阳光透过大气层照射到地面上，地面空气因吸收太阳辐射热量而上升，上方的空气层因密度相对较大而下沉。热气流在上升过程中膨胀降压，同时与高空低温空气进行热交换，于是上升气团中的水汽凝结而出现雾滴，就形成了云。

云团在空中剧烈翻滚运动，在大气电场、温差起电效应、破碎起电效应的共同作用下，正负电荷分别在云的不同部位积聚。当雷云临近大地时，就会在地面感应与雷云不同极性的电荷，这样在雷云和大地之间形成了一个大电容。当这个大电容的电场强度达到每平方厘米 10~30 千伏时，就具备了雷云对地面放电的条件。通常是从雷云到大地，起初发生微弱的闪光，接着以 100~1000 千米的速度，一波一波冲的阶段式向地面进展并不断加速，当达到离地面约 100 米时，就向地面以每秒 1.5 万~14 万千米速度迅猛逼近。这时地面上不同极性的电荷与雷云中的电荷迅速而强烈地中和。

由于大气放电时温度极高（约 20000℃），闪电产生的耀眼的电弧光划破长空，在闪电的瞬间，气温骤然增高，水珠迅速汽化，体积猛烈膨胀，发出剧烈的爆炸声，直接传到地面，就是震耳欲聋的"炸雷"；而当爆炸声较远，遇到云层、建筑物、山峰等产生声，再传到我们耳中，就是"滚雷"。这就是常见的闪电和雷鸣。雷电的主放电时间很短，总共只有 50~100 微秒（1 微秒就是百万分之一秒），而电流却极大，可以达到 200~300 千安。如果雷云向建筑物或设备放电时，在一刹那时间里就会产生极大的热量使得这些建筑物或设备遭受破坏。

雷云对地面的雷击放电过程中，位于雷击点附近的导线上将产生感应过电压。感应过电压的幅值一般可达到几十万伏，它可能会使电器设备绝缘发生闪络或击穿，甚至引发爆炸和火灾，造成人员伤亡。

此外，由于雷电流的幅值很大，所以雷电流流过接地装置时所造成的电位，可达数十万伏至数百万伏。此时，与该接地装置相连的电器设备外壳、杆塔及架构等也具有很高的电位，从而使电器设备的绝缘发生闪络，通常称之为"反击"。

（二）雷电预防

1. 室内避雷措施

（1）打雷时，要关好门窗，防止雷电直击室内或者球形雷飘进室内。

（2）遇到雷雨天气时，应将家用电器的电源切断，以免损坏电器。人不要站在灯泡下，以防灯泡炸裂伤人。

（3）雷雨天气时，尽量不要拨打、接听电话或使用电话上网，应拔掉电源和电话线及电视闭路线等可能将雷电引入室内的金属导线。

（4）在室内也要远离进户的金属水管以及跟屋顶相连的下水管等。

（5）晾晒衣服被褥等用的铁丝不要拉到窗户、门口，以防铁丝引雷致人死亡事件发生。

2. 户外防雷注意事项

（1）雷暴天气时，在户外不要接听和拨打手机，因为手机的电磁波也会引雷。

（2）人乘坐在车内一般不会遭遇雷电袭击，但乘车遭遇雷雨天气时千万不要将头、手伸出窗外。

（3）遇到突然的雷雨，当出现头发硬竖起来时，应该立即蹲下，降低自己的高度，同时将双脚并拢，减少跨步电压带来的危害。

（4）不要在大树底下避雨。在打雷时最好离大树5米远。

（5）遇雷暴天气出门，最好穿胶鞋，这样可以起到绝缘的作用。

（6）打雷时，远离电力线及电气设备。

三、触电事故

（一）触电事故种类

按照触电事故的构成方式，触电事故可分为电击和电伤。

1. 电击

电击是电流对人体内部组织的伤害，是最危险的一种伤害，绝大多数（85%以上）的触电死亡事故都是由电击造成的。

电击的主要特征有：

（1）伤害人体内部。

（2）在人体的外表没有显著的痕迹。

（3）致命电流较小。

按照发生电击时电气设备的状态，电击可分为直接接触电击和间接接触电击：

（1）直接接触电击：直接接触电击是触及设备和线路正常运行时的带电体发生的

电击（如误触接线端子发生的电击），也称为正常状态下的电击。

（2）间接接触电击：间接接触电击是触及正常状态下不带电，而当设备或线路故障时意外带电的导体发生的电击（如触及漏电设备的外壳发生的电击），也称为故障状态下的电击。

2. 电伤

电伤是由电流的热效应、化学效应、机械效应等效应对人造成的伤害。触电伤亡事故中，纯电伤性质的及带有电伤性质的约占75%（电烧伤约占40%）。尽管85%以上的触电死亡事故是电击造成的，但其中大约70%的含有电伤成分。

（1）电烧伤是电流的热效应造成的伤害，分为电流灼伤和电弧烧伤。电流灼伤是人体与带电体接触，电流通过人体由电能转换成热能造成的伤害。电流灼伤一般发生在低压设备或低压线路上。电弧烧伤是由弧光放电造成的伤害，分为直接电弧烧伤和间接电弧烧伤。前者是带电体与人体之间发生电弧，有电流流过人体的烧伤；后者是电弧发生在人体附近对人体的烧伤，包含熔化了的炽热金属溅出造成的烫伤。直接电弧烧伤是与电击同时发生的。电弧温度高达8900℃，可造成大面积、大深度的烧伤，甚至烧焦、烧掉四肢及其他部位。大电流通过人体，也可能烘干、烧焦机体组织。高压电弧的烧伤较低压电弧严重，直流电弧的烧伤较工频交流电弧严重。发生直接电弧烧伤时，电流进、出口烧伤最为严重，体内也会受到烧伤。与电击不同的是，电弧烧伤都会在人体表面留下明显痕迹，而且致命电流较大。

（2）皮肤金属化是在电弧高温的作用下，金属熔化、汽化，金属微粒渗入皮肤，使皮肤粗糙而张紧的伤害。皮肤金属化多与电弧烧伤同时发生。

（3）电烙印是在人体与带电体接触的部位留下的永久性斑痕。斑痕处皮肤失去原有弹性、色泽，表皮坏死，失去知觉。

（4）机械性损伤是电流作用于人体时，由于中枢神经反射和肌肉强烈收缩等作用导致的机体组织断裂、骨折等伤害。

（5）电光眼是发生弧光放电时，由红外线、可见光、紫外线对眼睛的伤害。电光眼表现为角膜炎或结膜炎。

（二）触电事故方式

按照人体触电及带电体的方式和电流流过人体的途径，电击可分为单相触电、两相触电和跨步电压触电。

1. 单相触电

当人体直接碰触带电设备其中的一相时，电流通过人体流入大地，这种触电现象称为单相触电。对于高压带电体，人体虽未直接接触，但由于超过了安全距离，高电压对人体放电，造成单相接地而引起的触电，也属于单相触电。

2. 两相触电

人体同时接触带电设备或线路中的两相导体，或在高压系统中，人体同时接近不同相的两相带电导体，而发生电弧放电，电流从一相导体通过人体流入另一相导体，构成一个闭合回路，这种触电方式称为两相触电。发生两相触电时，作用于人体上的电压等于线电压，这种触电是最危险的。

3. 跨步电压触电

当电气设备发生接地故障，接地电流通过接地体向大地流散，在地面上形成电位分布时，若人在接地短路点周围行走，其两脚之间的电位差，就是跨步电压。由跨步电压引起的人体触电，称为跨步电压触电。

下列情况和部位可能发生跨步电压电击：

（1）带电导体，特别是高压导体故障接地处，流散电流在地面各点产生的电位差造成跨步电压电击。

（2）接地装置流过故障电流时，流散电流在附近地面各点产生的电位差造成跨步电压电击。

（3）正常时有较大工作电流流过的接地装置附近，流散电流在地面各点产生的电位差造成跨步电压电击。

（4）防雷装置接受雷击时，极大的流散电流在其接地装置附近地面各点产生的电位差造成跨步电压电击。

（5）高大设施或高大树木遭受雷击时，极大的流散电流在附近地面各点产生的电位差造成跨步电压电击。

跨步电压的大小受接地电流大小、鞋和地面特征、两脚之间的跨距、两脚的方位以及离接地点的远近等很多因素的影响。人的跨距一般按 0.8 米考虑。由于跨步电压受很多因素的影响以及由于地面电位分布的复杂性，几个人在同一地带（如同一棵大树下或同一故障接地点附近）遭到跨步电压电击时，完全可能出现截然不同的后果。

第二节　触电急救常识

人体触电后，除特别严重当场死亡外，常常会暂时失去知觉，形成假死。如果能使触电者迅速脱离电源并采取正确的救护方法，可以挽救触电者的生命。实验研究和统计结果表明，如果从触电后 1 分钟开始救治，90% 可以救活；从触电后 6 分钟开始救治，则仅有 10% 的救活可能性；如果触电后 12 分钟开始救治，救活的可能性极小。因此，使触电者迅速脱离电源是触电急救的重要环节。当发生触电事故时，抢救者应保持冷静，争取时间，一方面通知医务人员，另一方面根据伤害程度立即组织现场抢救。

切断电源要根据具体情况和条件采取不同的方法，如表 1 - 2 - 1 所示。总之，要迅速用现场可以利用的绝缘物，使触电者脱离电源，并要防止救护者触电。

表 1 - 2 - 1 　　　　　　　　　　切断电源的方法

处理方法		图　　示	实施方法
低压电源	拉闸		如急救者离开关或插座较近，应迅速拉下开关或拔出插头，以切断电源
	断线		如一时找不到电源开关、插座等，应迅速用绝缘完好的钢丝钳剪断电线，以断开电源
	挑线		对于由导线绝缘损坏造成的触电，可使用干燥的木棒、竹竿等绝缘物将电线挑开
	拉离		如果身边什么工具都没有，可以用干衣服或者干围巾等将自己一只手厚厚地包裹起来，拉触电者的衣服，附近有干燥木板时，最好站在木板上拉，使触电者脱离电源
高压电源	拉闸		在高压电气设备或高压线路上触电，只有迅速断开高压开关才能进行抢救。这时不能使用普通工具挑开或剪断电线，应戴上绝缘手套，穿上绝缘靴，拉开高压断路器

当触电者脱离电源后，应立即将其移至附近通风、干燥的地方，松开其衣裤，使其仰天平躺，并迅速检查其瞳孔、呼吸、心跳与知觉情况，初步了解其受伤害程度，然后决定采用适当的急救方法。初步诊断方法如表1-2-2所示。

表1-2-2　　　　　　　　初步诊断

名　称	图　示	实施方法
简单诊断	瞳孔正常　　瞳孔放大	将脱离电源的触电者迅速移至通风、干燥处，将其仰卧，松开上衣和裤带，消除口中的血块、假牙等异物 观察触电者的瞳孔是否放大。当处于假死状态时，人体大脑细胞严重缺氧，处于死亡边缘，瞳孔自行放大 检查触电者有无呼吸存在，摸一摸颈部的颈动脉有无搏动，判断心跳是否停止

触电不太严重，神志清醒，但感到心慌，四肢发麻，全身无力；或者曾一度昏迷，但很快恢复知觉。在这种情况下，不要做人工呼吸和心脏按压，应让触电者就地安静舒适地躺下来，休息1~2小时，不要走动，应让触电者自己慢慢恢复，并注意观察。在观察过程中，发现呼吸或心跳很不规则甚至接近停止时，应赶快进行抢救。

对失去知觉，呼吸不齐、微弱或完全停止，但还有心跳者，应采用"口对口人工呼吸法"进行抢救；对有呼吸，但心跳不规则、微弱或完全停止者，应采用"胸外心脏按压法"进行抢救；对呼吸与心跳均完全停止者，应同时采用"口对口人工呼吸法"和"胸外心脏按压法"进行抢救。抢救者不要紧张、害羞，方法要正确，力度要适中，争分夺秒，耐心细致。

在迅速抢救的同时，应与120或附近的医院联系，争取医生及时赶来救治。若触电者一度昏迷但未失去知觉，则应将伤员扶到空气比较流畅而温暖的地方静卧休息。同时维持好现场秩序，避免再次有人触电。触电急救方法如表1-2-3所示。

表1-2-3　　　　　　　　　　　触电急救方法

急救方法	适用情况	图示	实施方法
口对口人工呼吸法	触电者有心跳而呼吸不齐、微弱或完全停止		将触电者仰卧，解开衣领和裤带，然后将触电者头偏向一侧，张开其嘴，用手指清除口腔中的假牙、血等异物，使呼吸道畅通
		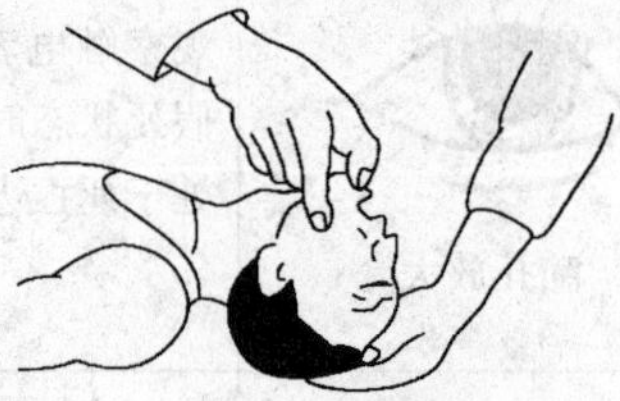	救护者在触电者的一边，使触电者的鼻孔朝天后仰
		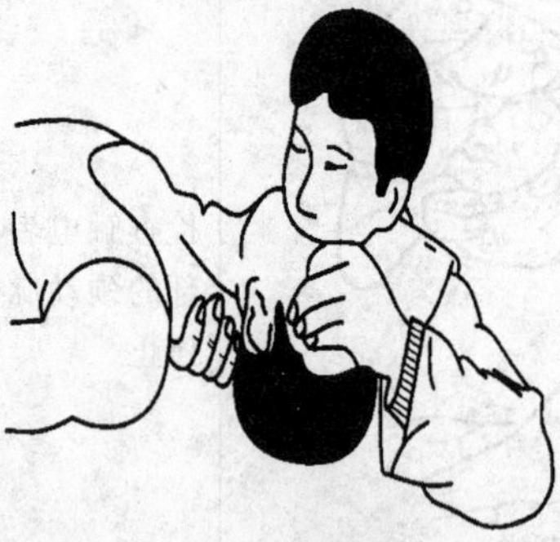	救护者一手捏紧触电者鼻孔，另一手托在触电者颈后，将颈部上抬，深深吸一口气，用嘴紧贴触电者的嘴，大口吹气，同时观察触电者胸部的膨胀情况，以略有起伏为宜。胸部起伏过大，表示吹气太多，容易把肺泡吹破。胸部无起伏，表示吹气用力过小起不到应有作用
			救护者吹气完毕准备换气时，应立即离开触电者的嘴，并放开鼻孔，让触电者自动向外呼气，每5秒吹气一次，坚持连续进行，不可间断，直到触电者苏醒为止

急救方法	适用情况	图示	实施方法
胸外心脏按压法	触电者有呼吸而心跳不规则、微弱或完全停止	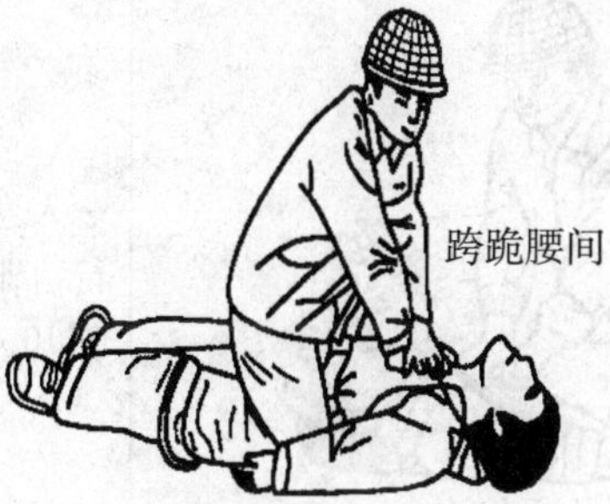 跨跪腰间	将触电者仰卧在硬板或地上，颈部枕垫软物使头部稍后仰，松开衣服和裤带，救护者跪在触电者腰部
		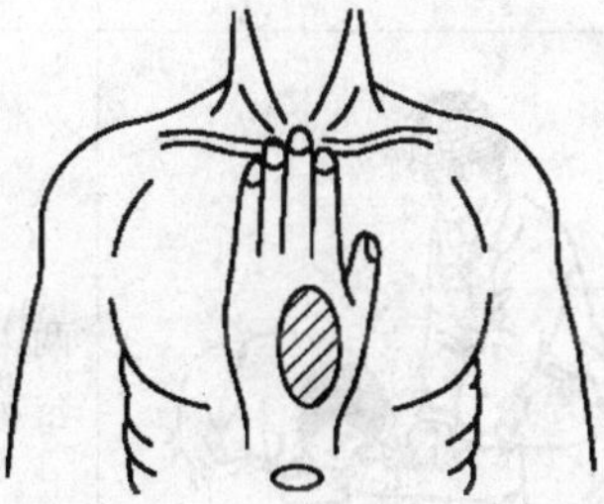	救护者将右手掌根部按于触电者胸骨下 1/2 处，中指指尖对准其颈部凹陷的下缘，当胸一手掌，左手掌复压在右手背上
		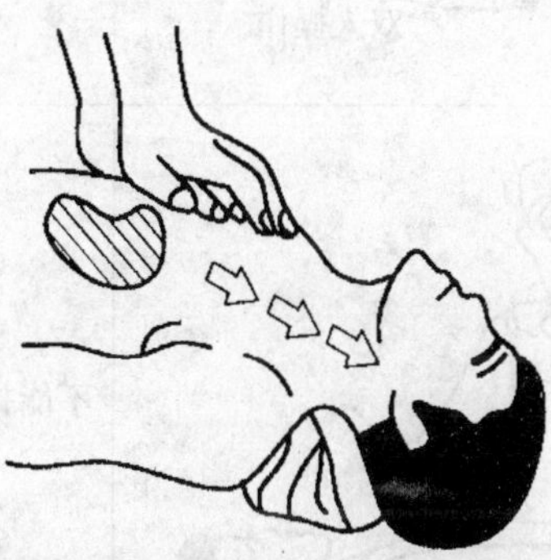 向下挤压3~4厘米	选好正确的压点以后，救护者肘关节伸直，适当用力带有冲击性地压触电者的胸骨（压胸骨时，要对准脊椎骨，从上向下用力）。对成年人可压下 3～4 厘米（1～1.2 寸），对儿童只用一只手，用力要小，压下深度要适当浅些
		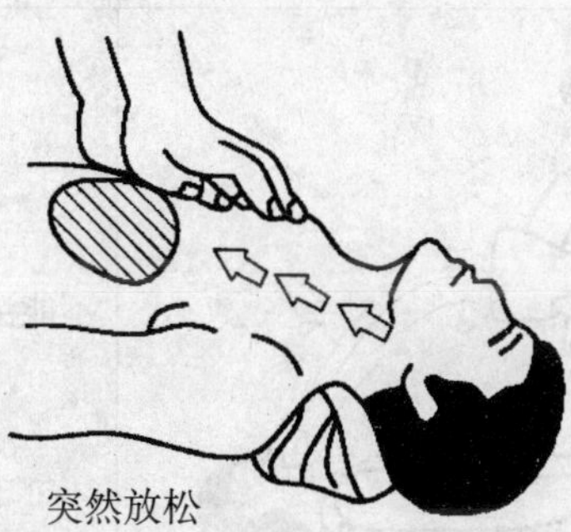 突然放松	挤压到一定程度，掌根迅速放松（但不要离开胸膛），使触电者的胸骨复位，挤压与放松的动作要有节奏，每秒钟进行一次，必须坚持连续进行，不可中断，直到触电者苏醒为止

急救方法	适用情况	图示	实施方法
口对口人工呼吸法和胸外心脏按压法并用	触电者呼吸和心跳都已停止	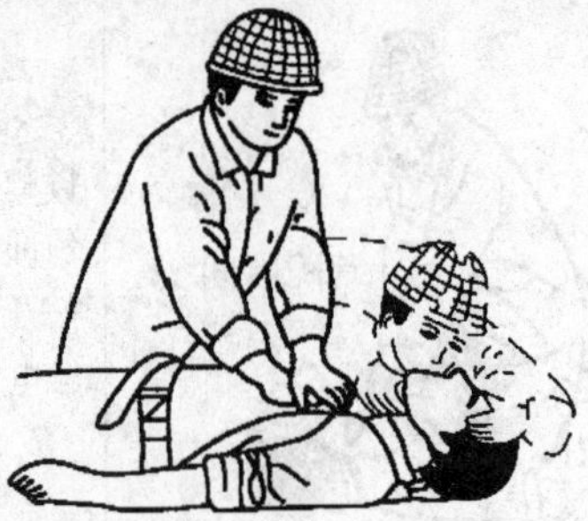 单人操作	一人急救：两种方法应交替进行，即吹气2～3次，再挤压心脏10～15次，且速度都要快些
		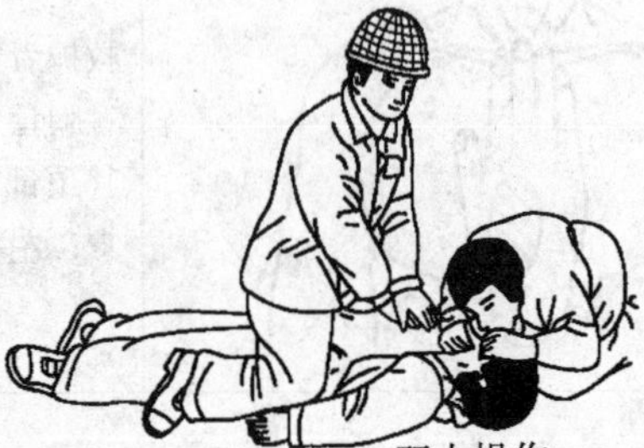 双人操作	两人急救：每5秒钟吹气一次，每秒钟挤压一次，两人同时进行
注意事项		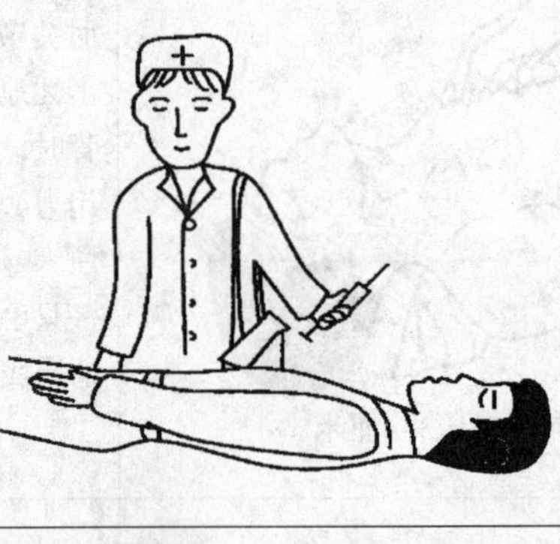	不能打肾上腺素等强心针
		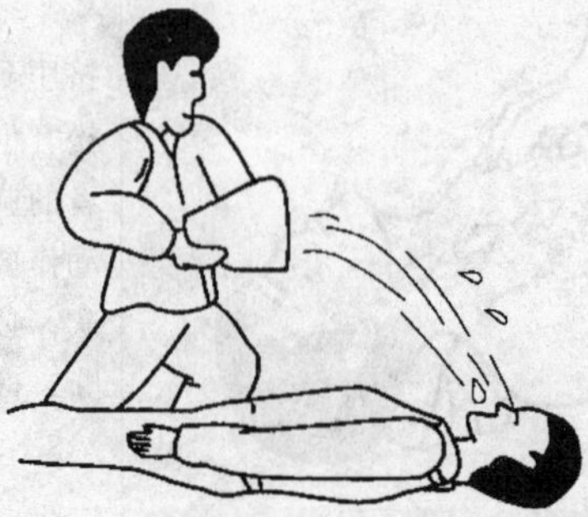	不能泼冷水

第三节　静电危害与预防

一、静电的产生

也许大家还不知道什么是静电，但相信静电给我们生活中造成的小麻烦，大家都有体会。在干燥和多风的秋、冬天，在日常生活中，我们常常会碰到这种现象：晚上脱衣服睡觉时，黑暗中常听到噼啪的声响，而且伴有蓝光，见面握手时，手指刚一接触到对方，会突然感到指尖针刺般刺痛，令人大惊失色；早上起来梳头时，头发会经常"飘"起来，越理越乱，拉门把手、开水龙头时都会"触电"，时常发出"啪、啪"的声响，这就是发生在人体的静电，上述的几种现象就是体内静电对外"放电"的结果。

那么静电又是如何产生的呢？

物质都是由分子组成，分子是由原子组成，原子中有带负电的电子和带正电的质子组成。在正常状况下，一个原子的质子数与电子数相同，正负平衡，所以对外表现出不带电的现象。但是电子环绕于原子核周围，一经外力即脱离轨道，离开原来的原子 A 而侵入其他的原子 B，A 原子因缺少电子数而带有正电现象，称为阳离子，B 原子因增加电子数而呈带负电现象，称为阴离子，从而造成电子分布不平衡。造成电子分布不平衡的原因即是电子受外力而脱离轨道，这个外力包含各种能量（如动能、位能、热能、化学能等）在日常生活中，任何两个不同材质的物体接触后再分离，即可产生静电。

静电的产生的方式很多，我们简单地分为接触分离起电和感应起电。

当两个不同的物体相互接触时就会使得一个物体失去一些电荷如电子转移到另一个物体使其带正电，而另一个物体得到一些剩余电子的物体而带负电。若在分离的过程中电荷难以中和，电荷就会积累使物体带上静电。所以物体与其他物体接触后分离就会带上静电。通常在从一个物体上剥离一张塑料薄膜时就是一种典型的"接触分离"起电，在日常生活中脱衣服产生的静电也是"接触分离"起电。

固体、液体甚至气体都会因接触分离而带上静电。这是因为气体也是由分子、原子组成，当空气流动时分子、原子也会发生"接触分离"而起电。

我们都知道摩擦起电而很少听说接触起电。实质上摩擦起电是一种接触又分离的造成正负电荷不平衡的过程。摩擦是一个不断接触与分离的过程。因此摩擦起电实质上是接触分离起电。在日常生活中，各类物体都可能由于移动或摩擦而产生静电。

另一种常见的起电是感应起电。当带电物体接近不带电物体时会在不带电的导体的两端分别感应出负电和正电。

二、静电危害

1. 静电危害人体健康

静电对人体的健康有许多不利的影响。过多的静电在人体内堆积，会导致人的血液酸碱度、各机体特性的改变，影响机体的生理平衡，干扰人的情绪，使人出现头晕、头痛、烦躁、失眠、食欲缺乏、精神恍惚等症状。静电对人体血液循环，免疫和神经系统也会产生干扰，影响各脏器特别是心脏的正常工作，还有可能引起心脏异常和心脏早搏。许多家用电器在使用时也会释放出大量的静电，一台彩电在播放时常有上万伏电压，亦产生静电，使室内空气的尘埃也变成带电粒子，这种带电粒子极易吸附在人的面部及裸露皮肤的毛孔上，对皮肤产生刺激，所以看完电视后要切记洗脸，否则对皮肤伤害极大。

2. 静电对生产、生活的危害

静电的危害很多，它的第一种危害来源于带电体的互相作用。在飞机机体与空气、水气、灰尘等微粒摩擦时会使飞机带电，如果不采取措施，将会严重干扰飞机无线电设备的正常工作，使飞机变成"聋子"和"瞎子"；在印刷厂里，纸页之间的静电会使纸页黏合在一起，难以分开，给印刷带来麻烦；在制药厂里，由于静电吸引尘埃，会使药品达不到标准的纯度；在观看电视时荧屏表面的静电容易吸附灰尘和油污，形成一层尘埃的薄膜，使图像的清晰程度和亮度降低；在混纺衣服上常见而又不易拍掉的灰尘，也是静电捣的鬼。

静电的第二大危害，是有可能因静电火花点燃某些易燃物体而发生爆炸。漆黑的夜晚，我们脱尼龙、毛料衣服时，会发出火花和"叭叭"的响声，这对人体基本无害。但在手术台上，电火花会引起麻醉剂的爆炸，伤害医生和病人；在煤矿，则会引起瓦斯爆炸，会导致工人死伤，矿井报废。

在 20 世纪中期，随着工业生产的高速发展以及高分子材料的迅速推广应用，一方面，一些电阻率很高的高分子材料如塑料、橡胶等的制品的广泛应用以及现代生产过程的高速化，使得静电能积累到很高的程度；另一方面，静电敏感材料的生产和使用，如轻质油品、火药、固态电子器件等，工矿企业部门受静电的危害也越来越突出，静电危害造成了相当严重的后果和损失。它曾使得电子工业年损失达上百亿美元，这还不包括潜在的损失。在航天工业，静电放电造成火箭和卫星发射失败，干扰航天飞行器的运行。在石化工业，美国 1960—1975 年由于静电引起的火灾爆炸事故达 116 起。1969 年年底在不到一个月的时间内荷兰、挪威、英国三艘 20 万吨超级油轮洗舱时产生的静电引起相继发生爆炸以后引起了世界科学家对静电防护的关注。我国近年来在石化企业曾发生 30 多起较大的静电事故，其中损失达百万元以上的有数起。例如上海某石化公司的 2000 立方米甲苯罐，山东某石化公司的胶渣罐，抚顺某石化公司的航煤罐等都因静电造成了严重火灾爆炸事故。

在当今数字化的世界里，各式各样的电子设备充斥在各个领域，尤其是计算机的高度普及。我们知道，计算机包含有大量的微功耗、低电平、高集成度、高电磁灵敏度的电路和元器件，所以，计算机是最容易受到静电危害的电子设备之一。由于静电放电过程是电位、电流随机瞬间变化的电磁辐射，所以，不管是放电能量较小的电晕放电，还是放电能量较大的火花式放电，都可以产生电磁辐射。而我们在前面已经提到计算机本身包含有大量的高电磁灵敏度的电路以及元器件，所以，在使用过程中如果遇到静电放电现象（ESP），出现的后果是不可预测的。静电放电现象对计算机的危害可分为硬性损伤和软性损伤，硬性损伤就是指由于静电放电现象过于强烈而导致的如显卡、CPU、内存等电磁灵敏度很高的元器件被击穿，从而无法正常工作甚至彻底报废。静电放电所造成的硬性损伤的破坏程度主要取决于静电放电的能量及元器件的静电敏感度，也和危害源与敏感器件之间的能量耦合方式，相互位置有关。软性损伤则是指由于静电放电时产生的电磁干扰（其电磁脉冲频谱可达 Mhz ~ Ghz）造成的存储器内部存储错误、比特数位移位，从而产生如死机、非法操作、文件丢失、硬盘坏道产生等隐性错误，相对于硬性损伤，它更难被发现。

三、静电危害的防治

静电本身并不可怕，关键是不能产生大量的静电积累。对付静电要做好两个字即"防"和"放"。防止静电首先要设法不使静电产生；对已产生的静电，应尽量限制，使其达不到危险的程度。其次使产生的电荷尽快释放或中和，从而消除电荷的大量积聚。

控制静电的基本方法是"释放"、"中和"和"屏蔽"。为了静电能及时"释放"走，必须为静电提供释放通路；为了能"中和"掉静电，必须提供相反极性的带电粒子；为了能"屏蔽"静电，必须提供具有屏蔽功能的环境。

防治静电常用方法有：

1. 减少摩擦起电

2. 静电接地

静电接地的作用是释放导体上可能集聚的电荷，使导体与大地等电位，使导体间电位差为零。

3. 降低电阻率

当物质的电阻率小于 106 欧·厘米时，就能防止静电荷的积聚。

4. 增加空气湿度

当空气的相对湿度在 65% ~ 70% 时，物体表面往往会形成一层极微薄的水膜。水膜能溶解空气中的 CO_2，使表面电阻率大大降低，静电荷就不易积聚。如果周围空气的相对湿度降至 40% ~ 50% 时，静电不易逸散，就有可能形成高电位。

5. 空气电离法

利用静电消除器来电离空气中的氧、氮离子，使空气变成导体，就能有效地消除物体表面的静电荷。

在日常生活中我们也可以采用一些方法防治静电：

（1）在室内要保持空气湿度，可使用加湿器，或在家里洒些水，也可放置一两盆清水，或摆放花草，或在室内饲养观赏鱼。

（2）梳头时将梳子在水中浸一下，就不会产生静电，可随意梳理了。

（3）摸水龙头之前也用手摸一下墙，可将体内的静电"放"出去。

（4）尽量不穿化纤类衣物，特别是贴身衣服要选全棉的。勤洗澡、勤换衣服。

（5）下车时也常发生电击现象，主要由于下车时身体与座位摩擦产生静电积累。下车时，即在身体与座位摩擦时，提前手扶金属的车门框，可随时把身上的静电排掉，不至于下车时突然手碰铁门时放电。

（6）最好的方法，带一个喷水的小瓶，随时喷一下，可以很好地防止静电危害。

第四节　安全用电基本知识

我们知道人的身体能导电，大地也能导电。如果人的身体碰到带电物体，在一定电压下，电流就可能通过人体与大地构成通路，当通过人体的电流达到一定数值这就是人发生触电。即使在较低的电压下如果通电时间较长，也会对人体产生生理影响。

发生触电的原因很多，主要有以下四种：

（1）缺乏安全用电常识。由于不知道哪些地方带电，什么物体会导电，就可能误用潮湿的抹布去擦拭有电的电器或灯泡，万一碰到带电的部分就会造成触电。有些人随意摆弄灯头、开关或私拉乱接电线或用铁器、潮湿的木棒等导电的物体去碰带电的物体都可能造成触电。有人说："触电没有什么，不就麻一下吗。"这种说法不正确，因为触电所造成的后果，同电流的大小、电压的高低和触电时间的长短都有关系。只有当电压较低，流过人体的电流较小时，才会是感到"麻一下"。如果电压较高，流过人体的电流较大就会使人抽筋、昏迷、灼伤严重时甚至死亡。触电时间长短对触电所造成的伤害程度影响也很大，只要流过人体的电流达到一定的数值，时间越长，伤害就越严重。如果流过人体的电流在一定数值内并在很短的时间内脱离电源，则对触电人的伤害可能不会很大。但若延长了脱离电源的时间，就可能死亡。国家规定的安全电压标准是50伏，特别潮湿地方规定安全电压是12伏。而目前一般民用电电压为220伏，动力用电电压为380伏都远远超过了安全电压，万一触电都会有危险。至于更高电压就更危险了。所以千万不可用手去接触带电体，也不能用手拿可导电的物体去碰带电体。

（2）用电设备安装不合格。有的人因为一时材料不齐全或为了省钱，就使用老化破损的旧电线；或者在架设电力架空线时，把多股裸绞线拆开使用；有的人把电力线架得很低，或者把电力线、电话线、广播用线或电视天线架设在一根电杆上。这些做法都是错误的也是很危险的。

（3）用电设备没有及时检查修理。用电设备使用时间久了，绝缘就会老化损坏而发生漏电。如开关、灯头的外壳破裂、电线破皮、电动机漏电等若不及时修理或更换都容易发生触电。

（4）违反操作规程，带电连接线路或电气设备而又未采取必要的安全措施；触及破坏的设备或导线；误登带电设备；带电接照明灯具；带电修理电动工具；带电移动电气设备；用湿手拧灯泡等。

电给人们的生活带来方便，但使用不当就会发生事故，造成人身伤害和财产损失，因此必须认真注意用电安全。

通常电都送到各式各样的插座上，要用电时插上插头就行了。有的插座有两个插孔，分别接着两条线。一条叫"火线"，电流就从这条线传过来；另一条叫"零线"，上面没有电，是让电流走的回路。只有把电器（如电视、电灯）分别与火线、零线相连，使电流从火线进入电器，再由零线流走，电器才能工作。此时，电路是接通的。如果在火线、零线或者电器内部有中断的地方，不能形成流动的电流，电路就不会工作。这时，电路是断开的，叫断路。特别应该小心的是，如果把火线和零线直接连通，电流不经过用电器就称为短路。短路会引起严重的事故，如烧毁电器或引起火灾等，一定要尽量避免出现这种情况。

电路中为了保证安全，都配有保险丝。保险丝是用熔点很低的金属制成的一段导线。它接在线路上，当由于短路或使用电器的功率太大时，电路中流过的很大电流产生的热量会使保险丝立即熔化，切断电路，避免发生事故。一般电器在正常工作时金属外壳是不带电的，但由于绝缘损坏或其他原因，电器的金属外壳也会带电，当人身触及时，就可能发生触电事故。为了防止这种情况，厂家在电器生产过程中，已经对产品做了保护接地措施。如果电器采用三脚全密封式插头，这种插头设有接地端，使用时应与接入电源所设置的保护接地线连接，使用才能安全。

一般电源插座有两孔及三孔之分，两孔插座只有火线及零线，三孔插座有火线、零线及地线，标注为"L"、"N"、"⊥"或只标注"接地"。如果从正面看，顶部的大孔为接地，右边的一个小孔接相线，左边的一个小孔就是零线。

现在电器的说明书上都注明：为确保人身安全，应可靠接地。然而，有不少的用户，或许是接地不方便，也或许是麻痹大意，许多电器要么不接地，要么接地方法不对，留下了人体触电的隐患。

有些将接地错改为接零，就是在插座中将零线插孔和地线插孔短接在一起；有些甚至随意在接地方便的地方就接地，接地不方便的地方就接零。他们的理由是：若电器漏电，插上插座后漏电电压将被插座内的短路线所短路，从而避免人体承受漏电电压；如果漏电电流过大可能烧断熔断丝，就会切断电源。这种观点似乎也有道理，但考虑问题并不周全。因为，如果电源零线断了，而插座上又插有电器，此时插座内零、相线直接通电，该电器的外壳也带电。此时，人体若触及该电器的外壳，则人体和电器就串联在交流电源上。设电器功率为 1 千瓦，其电阻为 220^2 伏/1 千瓦 =48 欧。人体电阻一般认为是约 1 千欧。可见电压主要是分布在了人体身上，这是非常危险的。由上述分析可知，如果在插座中将零线插孔和地线插孔短接在一起，当零线断线时，若电器不工作则没有什么异常现象和停电、相线断线一样，因而不易引起警觉，这就更容易造成触电事故。

另外，如果一部分电器采取接地保护，而另有电器采取接零保护，除存在上述危险外，还有一个触电的危险现象。就是在接地的电器漏电（火线碰壳）时，零线电压将升高，所有接零电器的外壳都将带上危险的高电压，而此故障也不易察觉。

综上所述，为了安全，一定要将电器妥善接地。保障人身安全的另一措施，是在电源入口处安装高灵敏度的漏电保护开关。这样，当您电器发生漏电现象时，或有人不慎触电时，漏电保护器将能及时动作，切断电源，从而保护人身安全。

为了保证用电安全，我们还需了解以下常识：

（1）安全用电，人人有责。自觉遵守安全用电规章制度，低压线路应安装漏电保护器。

（2）不可用铜丝或铁丝代替熔丝。由于铜丝或铁丝的熔点比熔丝的熔点高，当发生短路或用电超载时，铜丝、铁丝不能熔断，失去了对电路的保护作用，其后果是很危险的，易发生线路着火事故。

（3）电灯线不要过长，灯头离地面不应小于 2 米。灯头固定在一个地方，不要拉来拉去，以免损坏电线或灯头，造成触电事故。电源插座不允许安装得过低和安装在潮湿的地方，单相插座必须按"左零右火"接通电源。

（4）照明等控制开关应接在相线（俗称火线）上。严禁使用"一线一地"（即采用一根相线和大地作零线）的方法安装电灯等电器，防止有人拔出零线造成触电。

（5）室内布线不允许使用裸线和绝缘不合格的电线。禁止使用电话线代替电源线。

（6）应定期对电气线路进行检查和维修，更换绝缘老化的线路，修复绝缘破损处，确保所有绝缘部分完好无损。

（7）不要移动正处于工作状态的洗衣机、电视机、电冰箱等家用电器，应在切断电源、拔掉插头的条件下搬动。

（8）使用床头灯时，用灯头上的开关控制用电器有一定的危险，应选用拉线开关或电子遥控开关，这样更为安全。

（9）发现用电器发声异常，或有焦糊异味等不正常情况时，应立即切断电源，进行检修。

（10）平时应注意防止导线和电气设备受潮，不要用湿手去摸带电灯头、开关、插座以及其他家用电器的金属外壳，也不要用湿布去擦拭。在更换灯泡时要先切断电源，然后站在干燥木凳上进行，使人体与地面充分绝缘。

（11）发现导线的金属外露时，应立即断电，及时用带黏性的绝缘黑胶布加以包扎，但不可用医用白胶布代替电工用绝缘黑胶布。

（12）使用移动式电气设备时，应先检查其绝缘是否良好，在使用过程中应采取增加辅助绝缘的措施，如使用电锤、手电钻时最好戴绝缘手套并站在橡胶垫上进行工作。

（13）洗衣机、电冰箱等家用电器在安装使用时，必须按要求将其金属外壳做好接零线或接地线的保护措施，以防止电气设备绝缘损坏时外皮带电造成的触电事故。

（14）在同一个插座上不能插接功率过大的用电器具，也不能同时插接多个用电器具。这是因为，如果电路中用电器具的总功率过大，导线中的电流超过导线所允许通过的最大正常工作电流，导线会发热。此时，如果熔丝又失去了自动熔断的保险作用，就会引起电线燃烧，造成火灾，或发生烧毁用电器具的事故。

（15）晒衣服的铁丝不要靠近电线，以防铁丝与电线相碰。更不要在电线上晒衣服、挂东西。

（16）要避免在潮湿的环境下使用电器，更不能使电器淋湿、受潮，这样不仅会损坏电器，还会发生触电危险。

（17）塑料绝缘导线严禁直接埋在墙内，塑料绝缘导线长时间使用后，塑料会老化龟裂，绝缘水平大大降低，当线路短时过载或短路时，更易加速绝缘的损坏。一旦墙体受潮，就会引起大面积漏电，危及人身安全。塑料绝缘导线直接暗埋，不利于线路检修和保养。

（18）不能在地线上和零线上装设开关和保险丝。禁止将接地线接到自来水、煤气管道上。

（19）发生电气火灾时，应迅速切断电源，按普通火灾的扑救方法处理。在特殊情况下需要带电灭火时，应使用黄沙或干粉灭火器或四氯化碳灭火器。同时，立即拨打"119"报警。

第五节　技能训练

一、锡焊技术初识

（一）实训目的

1. 熟悉实验室安全用电规范
2. 了解电子装配中常见工具的使用
3. 熟悉电子装配中工具摆放的基本原则
4. 对焊锡和电烙铁的使用有感性认识

（二）实训器材

1. 电烙铁
2. 辅助工具
3. 焊料（焊锡丝）、助焊剂（松香）
4. 练习板（板上含可拆焊的元件）

（三）工作原理

1. 电烙铁

电烙铁是手工焊接的主要工具，其外观如图 1 - 5 - 1 所示。根据不同的加热方式，可以分为直热式、恒温式、吸焊式、感应式、气体燃烧式等。为适应不同焊接面的需要，通常烙铁头也有不同的形状，有圆斜面形、圆锥形等。依据焊接温度要求的不同烙铁功率有 25 瓦、30 瓦、50 瓦等，功率并非越大越好，过高的温度会烧坏元件和电路板，过低的温度会使加热时间过长也会烧毁器件，费时费力费物，通常电子电路的焊接功率在 25～40 瓦即可。相对于功率，熟练的技术加一个好的烙铁头更为重要。

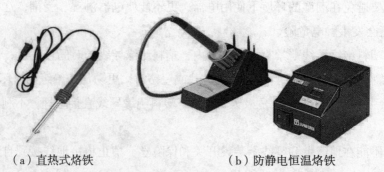

（a）直热式烙铁　　　　　　　（b）防静电恒温烙铁

图 1 - 5 - 1　电烙铁

2. 焊料

焊料是易熔金属，它的熔点低于被焊金属，其作用是凝固后把元器件与焊盘连接在一起，起到黏合剂的作用。在一般电子产品装配和维修中主要使用锡铅焊料（俗称焊锡），手工焊接常用焊锡丝，其外观如图1-5-2所示。根据焊接目标的不同焊锡丝有粗细之分。通常认为含铅量越少的焊锡丝质量越好，焊接效果也越好。

3. 助焊剂

金属表面与空气接触后都会形成一层金属氧化膜，氧化膜会阻止液态焊锡对金属的吸附作用。助焊剂的作用就是去除焊接面的氧化膜，增加焊锡的流动性，有助于焊锡润湿金属，常用的如松香、焊锡膏，其外观如图1-5-3所示。焊接完成后助焊剂会漂浮在焊料表面，所以过多地使用助焊剂则会使焊点十分脏乱，虽然用无水酒精可以完全清洗掉，但是依然应当尽量控制助焊剂的使用。通常质量较好的焊锡丝的丝芯内都会含有助焊剂。

图1-5-2　焊锡丝

图1-5-3　松香

4. 其他辅助工具

在焊接或拆焊过程中不可避免地需要对元件引脚或导线进行一些处理，因此还需要下列工具帮助。辅助工具如图1-5-4所示。

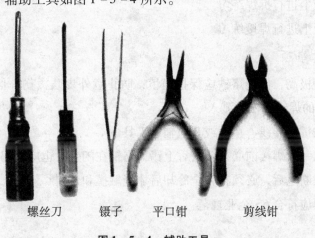

螺丝刀　　　　镊子　　　平口钳　　　　剪线钳

图1-5-4　辅助工具

（1）钳子。尖嘴钳可以弯绕导线和元件引脚；斜口钳可以剪切细导线和元件引脚；剥线钳可以较精确地剥离导线的橡胶外皮（在没有剥线钳的情况下，也可用斜口钳完成，尽可能不要使用烫烧的方式）；平头钳适用于螺母的紧固。

（2）镊子。镊子的主要用途是夹紧导线和元器件或弯绕导线和元件引脚，在焊接时还起散热作用。

（3）起子。起子又称改锥或螺丝刀，常见的有"一"字和"十"字起子，并有长短粗细不同尺寸。在调节中频变压器或中周的磁芯时，为避免金属起子对磁芯的影响，需要使用塑料或有机玻璃等材料制成的无感起子。

（4）砂纸或锉刀。在烙铁头氧化时打磨掉氧化层的一种修补工具，但打磨过后的烙铁头将更容易被氧化，因此在使用中应尽量让烙铁沾上焊锡（俗称吃锡，烙铁在长时间空闲时应给烙铁吃锡，否则长时间高温暴露在空气中极易使烙铁头氧化）。

（四）实训内容

1. 辅助工具的认识

2. 电烙铁的检测

（1）外检查。检查电源插头、电源线、烙铁握柄和烙铁头有无破损。

（2）内检查。用万用表"×100挡"，万用表指针应大致在中央1/3区域。

3. 烙铁温度、焊剂焊料的认识

（1）观察电烙铁温度。

（2）焊锡与焊剂的认识。

①用烙铁熔化一小块焊锡观察焊锡在熔化过程中的变化。

②在液态焊锡上熔化少量松香，观察变化。

4. 在练习板上进行拆焊练习

5. 在练习板上进行焊接练习

（五）注意事项

1. 烙铁温度极高，使用烙铁应保持谨慎，防止意外皮肤烫伤。保持眼睛与焊点的距离，防止加热的焊锡或松香溅入

2. 防止烙铁烫坏导线、桌面或其他辅助工具

3. 烙铁在第一次焊接前必须蘸松香上锡，烙铁在闲置时也应上锡防止氧化

4. 下课烙铁断电后，必须在完全冷却后才能触摸和包装

5. 实训过程应符合6S企业规范

（六）实训报告

1. 简述安全用电规范

2. 简述锡焊工具的作用

3. 心得体会及其他

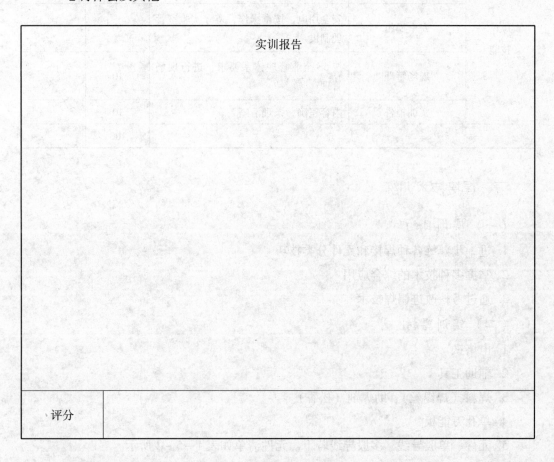

实训报告
评分	

（七）实训评估

表1-5-1　　　　　　　　　　　实训评估

	检测项目	评分标准	分值（分）	教师评估
知识理解	实验室安全用电规范	熟悉实验室的规章制度和安全用电规范	20	
	电子装配中常见工具的用途	熟悉各种工具在电子装配中的作用和保养方法	10	
	工具摆放的基本原则	熟悉在电子装配过程中各种工具的正确摆放	10	

	检测项目	评分标准	分值（分）	教师评估
操作技能	锡焊练习	能够熟练使用烙铁加热焊料和助焊剂	20	
	工具检查	能按要求自主检查工具的质量	10	
	安全操作	安全用电，按章操作，遵守实验室管理制度	10	
	现场管理	按 6S 企业管理体系要求，进行现场管理	10	
	实训报告	内容正确，条理清晰	10	
总　分			100	

二、焊接技术训练

（一）实训目的

1. 进一步熟练各种焊接和元件分类技巧

2. 掌握多种技术的综合应用

3. 通过考核改进锡焊技术

（二）实训器材

1. 电烙铁

2. 辅助工具

3. 焊料（焊锡丝）、助焊剂（松香）

4. 单孔万能板

5. 元件、单股导线、多股导线若干，元件清单如表 1 - 5 - 2 所示

表 1 - 5 - 2　　　　　　　　　元件清单

序　号	元器件	名　称	参　数	数　量
1	R1 ~ R14	电阻		14 个
2	D1 ~ D2	二极管		2 个
3	C1 ~ C2	电解电容		2 个
4	VT1 ~ VT2	三极管		2 个
5	多股导线			1 份
6	单股导线			1 份

（三）实训内容

采用定时考核，考核内容如下：

1. 印刷电路板装焊

焊接要求：

（1）R1－R6、D1、D2 卧式安装，要求如图 1－5－5（a）所示。

（2）R7－R14 立式安装，要求如图 1－5－5（b）所示。

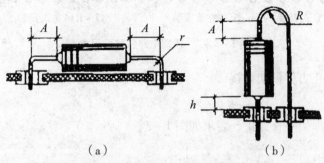

（a）　　　　　　　　　　　　（b）

图中 $A \geqslant 2$、$r \geqslant 3d$、$R \geqslant D$、$h=1\sim2$
（d：引线直径，D：电阻体直径）

图 1－5－5　电阻、二极管安装示意

（3）电容贴底立式安装。

（4）三极管立式安装，底部离板高度不高于 3 毫米。

（5）1～8 导线装焊。其中，1～4 按图 1－5－6（a）焊接；5～8 按图 1－5－6（b）焊接。

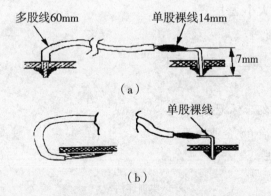

多股线60mm　　　　　单股裸线14mm

7mm

（a）

单股裸线

（b）

图 1－5－6　导线安装示意

（6）印刷电路板装配排布如图 1－5－7 所示。

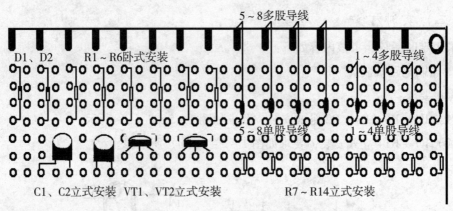

5~8多股导线

D1、D2   R1~R6卧式安装   1~4多股导线

5~8单股导线   1~4单股导线

C1、C2立式安装 VT1、VT2立式安装   R7~R14立式安装

图 1-5-7   印刷电路板装配示意

2. 单股导线正方体框架焊接

焊接要求：

（1）正方体框架平直方正，要求如图 1-5-8 所示。

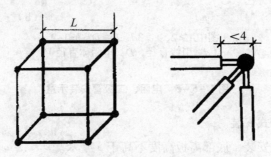

图 1-5-8   正方体框架焊接示意

（2）导线及外皮无损伤。

（3）焊点光亮、大小适中。

（四）注意事项

1. 元件应集中保管避免工作中丢失

2. 合理分配时间

3. 上交电路板时勿忘标记

4. 实训过程应符合 6S 企业规范

（五）实训评估

表 1-5-3   实训评估

检测项目		评分标准	分值（分）	教师评估
知识理解	锡焊综合技术	熟悉焊接机理、方法和规范，熟悉元器件的作用和识别方法	30	

检测项目		评分标准	分值（分）	教师评估
操作技能	综合训练	按要求进行元件和导线的焊接	50	
	安全操作	安全用电，按章操作，遵守实验室管理制度	10	
	现场管理	按 6S 企业管理体系要求，进行现场管理	10	
总 分			100	

第二章 常用电子元器件和测量仪器

第一节 电 阻

一、电阻器的功能

物体对电流的阻碍作用称为电阻，利用这种阻碍作用制成的元件称为电阻器，简称电阻，其外观与电路符号如图 2 – 1 – 1 所示。电阻在电子电路中通常起限流、分流、降压、分压、负载等作用，还可以与电容配合做滤波器。电阻是电子电气设备中使用量最大、应用面最广的元器件。

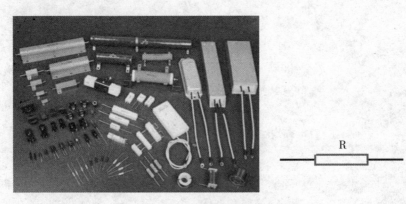

图 2 – 1 – 1　电阻的外观与电路符号

二、电阻的主要参数

1. 标称阻值 R

标称阻值是指电阻上标出的阻值（对热敏电阻，则指25℃时的电阻值）。在国际单位制里，电阻的单位是欧姆，简称欧，符号是 Ω，常用的电阻单位有千欧（$k\Omega$）、兆欧（$M\Omega$），换算关系是：

$$1M\Omega = 10^3 k\Omega = 10^6 \Omega$$

2. 允许偏差

实际阻值往往与标称阻值有一定误差，这个误差与标称阻值的百分比叫做允许偏差。误差越小，电阻精度越高。

3. 额定功率

额定功率是指电阻在直流或交流电路中，长时间连续工作所允许承受的最大功率。通常有 1/8 瓦、1/4 瓦、1/2 瓦、1 瓦、2 瓦、5 瓦、10 瓦等，一般情况下，体积越大的电阻功率也越高。

4. 温度系数

电阻的温度系数表示电阻的稳定性随温度变化的特性。温度系数越大，其稳定性越差。

5. 电压系数

电压系数指外加电压每改变 1 伏时电阻阻值相对的变化量。电压系数越大，电阻对电压的依赖性越强，即阻值较易随电压变化。

6. 最大工作电压

指电阻长期工作不发生过热或电击穿损坏等现象的电压。

三、电阻的命名及规格

（一）电阻的标称

表示电阻的标称阻值和允许偏差的方法有直标法、色环法、文字符号法三种形式。

1. 直标法

在电阻表面，直接用数字和单位符号标出阻值和允许偏差，通常用于体积较大（功率大）的电阻上。例如在电阻上印有 $22k\Omega \pm 5\%$，表示该电阻阻值为 $22k\Omega$，误差范围为 $\pm 5\%$。

2. 色环法

色环法是指用不同颜色表示元件不同参数的方法。色环电阻中，根据色环的环数多少，又分为四色环表示法和五色环表示法。电阻的标注示例如图 2-1-2 所示。

图 2-1-2 上方的电阻是用四色环表示标称阻值和允许偏差，其中，前两条色环表示此电阻的有效数字，第三位表示电阻的乘数，最后一条表示它的偏差。标称阻值为有效数字乘以乘数，例如，若图中上方色环颜色依次为红、红、黑、金，则此电阻标称阻值为 $22 \times 10^0 = 22\Omega$，偏差为 $\pm 5\%$。

图 2-1-2 下方的电阻是五色环表示法，精密电阻是用五条色环表示标称阻值和允许偏差，通常五色环电阻识别方法与四色环电阻一样，只是比四色环电阻多一位有效数字。例如，若图中下方电阻的色环颜色依次是：黄、紫、黑、金、棕，其标称阻值为：$470 \times 10^{-1} = 47\Omega$，偏差为 $\pm 1\%$。

判断色环电阻的第一条色环的方法：

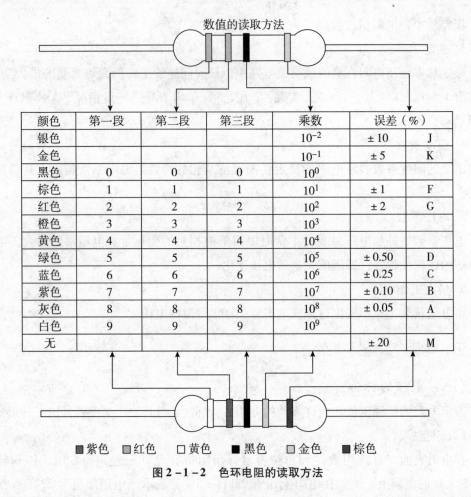

图 2 - 1 - 2　色环电阻的读取方法

（1）对于未安装的电阻，可以用万用表测量一下电阻的阻值，再根据所读阻值看色环，读出标称阻值。

（2）对于已装配在电路板上的电阻，可用以下方法进行判断：四色环电阻为普通型电阻，从标称阻值系列表可知，其只有三种系列，允许偏差为 ±5%、±10%、±20%，所对应的色环为：金色、银色、无色。而金色、银色、无色这三种颜色没有有效数字，所以，金色、银色、无色作为四色环电阻的偏差色环（以金、银为多），即为最后一条色环（金色、银色除作偏差色环外，还可作为乘数）。

五色环电阻为精密型电阻，一般常用棕色或红色作为偏差色环。如出现头尾同为棕色或红色环时，则较为棘手，表示电阻标称阻值的那四条环之间的间隔距离一般为等距离，而表示偏差的色环（即最后一条色环）一般与第四条色环的间隔比较大，以此判断哪一条为最后一条色环。

3. 文字符号法

用数字和文字符号按一定规律组合表示电阻的阻值，其形式为"数字 + 文字符号＋数字"，文字符号 R（欧）、K（千）、M（兆）、G（吉）表示电阻的单位级别，文字符号前面的数字表示阻值的整数部分，文字符号后面的数字表示阻值的小数部分。例如，"2K7"表示"2.7kΩ"，"9M1"表示"9.1MΩ"，"R1"表示"0.1Ω"。

（二）常用电阻的功能与识别

1. 碳膜电阻

碳膜电阻就是将碳在真空高温的条件下分解的结晶碳蒸镀沉积在陶瓷骨架上制成的，碳膜电阻的外形结构与电路符号如图 2-1-3 所示。碳膜电阻的阻值用色环法标注在电阻的表面。碳膜电阻的造价低，稳定性好，因此，碳膜电阻是使用比较多的电阻。

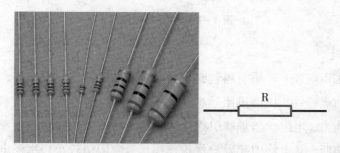

图 2-1-3　碳膜电阻

2. 金属氧化膜电阻

金属氧化膜电阻就是将锡和锑的金属盐溶液进行高温喷雾沉积在陶瓷骨架上制成的。因为是高温喷雾技术，所以它的膜质均匀，与陶瓷骨架结合得结实且牢固，它的外观结构与电路符号如图 2-1-4 所示。由于金属氧化膜电阻是金属盐溶液喷雾制成的，因此有抗氧化、耐酸、抗高温等优点，不过它的阻值一般偏小，只能用来制作低阻值电阻。

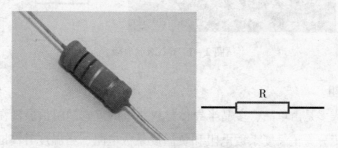

图 2-1-4　金属氧化膜电阻

3. 熔断电阻器

熔断电阻器又叫保险丝电阻，其外观结构与电路符号如图 2-1-5 所示。它是一种具有电阻和过流保护熔断丝双重作用的元件。正常情况下具有普通电阻的电气功能，在电流过大的情况下，自己熔化断裂截断电路，从而保护整个设备不再过载，通常阻值较小。在电子设备当中常常采用熔断电阻器，用以保护其他元器件。

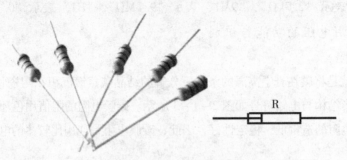

图 2 - 1 - 5　熔断电阻器

4. 水泥电阻

水泥电阻采用陶瓷、矿质材料包封，具有优良的绝缘性，散热好，功率大，具有优良的阻燃、防爆特性。内部电阻丝选用康铜、锰铜、镍镉等合金材料，有较好的稳定性和过负载能力。电阻丝与焊脚引线之间采用压接方式，在负载短路的情况下，可迅速在压接处熔断，在电路中起限流保护作用，通常阻值较小。水泥电阻的外观结构与电路符号如图 2 - 1 - 6 所示。

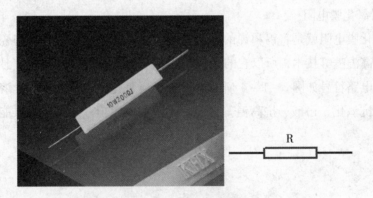

图 2 - 1 - 6　水泥电阻

5. 热敏电阻

热敏电阻大多是由单晶、多晶半导体材料制成的。它的阻值会随温度的变化而变化。热敏电阻可分为正温度系数电阻和负温度系数电阻，当温度升高时，阻值会明显增大，当温度降低时，阻值会明显减小，这类称为正温度系数电阻；反之，则为负温度系数电阻。热敏电阻的外观结构与电路符号如图 2 - 1 - 7 所示。

6. 可调电阻

可调电阻（通常也被称为电位器）的阻值可以在特定的范围内任意改变，引脚数

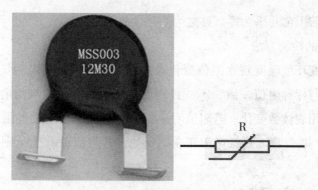

图2-1-7　热敏电阻

通常为2个（单联）或2个以上，可调电阻的阻值用文字符号法标注在电阻的表面，其外观结构与电路符号如图2-1-8所示。

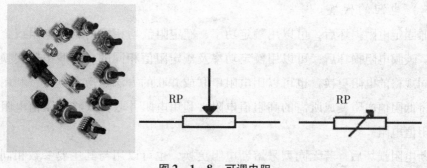

图2-1-8　可调电阻

四、电阻的检测及代换

（一）常用电阻的检测方法

通常在检测电阻时应尽可能将电阻脱开电路板，若在线（即在电路板中）测量，则这样所测的阻值称为分布电阻，为所测两点间所有元件的总电阻，其阻值将小于或远小于该电阻的实际阻值（原因请参照电阻并联的相关知识点），通常分布电阻可用于与同型电路中相同部位进行比较，寻找故障点。一般来说，当电阻发生故障时，该元件两端的分布电阻也会或多或少地发生数值变化，因此测量分布电阻也不失为怀疑电阻故障的一种方法。下面介绍的测量方法则均是在元件独立的条件下进行的。

1. 固定阻值电阻的检测方法

用万用表检测待测电阻的阻值，若阻值与标称阻值相当接近，则表明该电阻正常。若阻值远大于或小于标称阻值，则表明该电阻已经损坏（通常若阻值为无穷大，称之为开路性故障；若阻值几乎为零，称之为短路性故障）。

2. 热敏电阻的检测方法

一般通过改变环境温度观察阻值变化来判别好坏。用万用表测量热敏电阻，观察其常温阻值是否与标称阻值一致，不一致则已损坏。然后将加热的电烙铁靠近电阻进行加温，观察万用表读数变化。若阻值明显变大（为正温度系数电阻）或变小（为负温度系数电阻），则表明该热敏电阻正常。反之，若阻值没有变化则该热敏电阻已经损坏。

3. 可调电阻的检测方法

用指针式万用表测量可调电阻动片和定片间的阻值，同时均匀转动可调旋钮。正常的可调电阻的阻值会随旋钮均匀变化，若指针不动、摆动不稳定或不均匀，则表明该可调电阻已经损坏。

（二）电阻的代换

普通固定电阻损坏后，可以用额定功率、额定阻值均相同的碳膜电阻或金属膜电阻代换。碳膜电阻损坏后，可以用额定功率及额定阻值相同的金属膜电阻代换。若手中没有同规格的电阻更换，也可以用电阻串联或并联的方法作应急处理。利用电阻串联公式将低阻值电阻变成所需的高阻值电阻，利用电阻并联公式将高阻值电阻变成所需的低阻值电阻。

熔断电阻损坏后，若无同型号熔断电阻更换，也可以用与其主要参数相同的其他型号熔断电阻代换或用电阻与熔断器串联后代用。对电阻值较小的熔断电阻，也可以用熔断器直接代用。

第二节　电容器

一、电容器的功能与特性

电容器（简称电容）是一种具有容纳电荷的本领的元器件，即可以储存和释放电能，其符号为 C。电容器在电路中通常具有充放电、滤波、交流耦合、交流旁路（去耦）、与电阻或电感组成谐振电路等功能。电容器是电子电气设备中使用十分广泛，可以说是除电阻外电子电路中使用数量最多的元器件。

（一）电容器的结构和符号

电路理论中的电容元件是实际电容器的理想化模型。如图 2 - 2 - 1 所示，两个金属极板及其中间的不导电的介电材料就构成一个电容元件。在外电源的作用下，两个极板上能分别存储等量的异性电荷形成电场，从而储存电能。

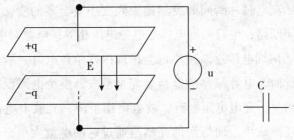

图 2 - 2 - 1　电容器的结构与电路符号

（二）电容器的特性

在这里我们将用一个电路实例来说明电容特性的问题，电路如图 2 - 2 - 2 所示。

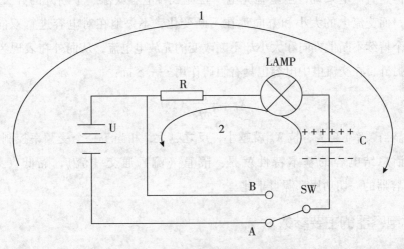

图 2 - 2 - 2　电容充放电电路

通过观察电路图可以发现，当开关（SW）打向 A 或 B 时，会构成两个十分近似但略微不同的回路。当我们根据上图做一个实际电路的时候，会发现，无论开关打向 A 还是 B 的那一瞬间小灯泡都会立即发亮，随后逐渐变暗，直至彻底熄灭。

要分析上述现象，我们需要将问题一分为二：电容在做什么？通常小灯泡怎样才会亮？

我们先来看电容。当开关打向 A 时，回路中含有电源，此时构成充电回路，电源按照线路 1 对电容顺时针进行充电，此时电容所充电荷为上正下负；当开关打向 B 时，回路中没有电源，此时构成电容放电回路，电容按照线路 2 对电阻和小灯泡逆时针进行放电，直至所有储存电量释放殆尽。

在电容进行充放电过程中电容两端的电压和充放电流的变化就如同气球充放气过程中的气压和气流的问题一样，即无论是充气还是放气，刚开始容易，随后在压力的变化下越来越难，直至停止。电源对电容充电的过程中，充电电流 I_1 随着电容两端电压逐渐增大出现开始充电时一瞬间的突然增大到变小直至零的变化，此时电容充电完成，整个电路相当于断路，电容两端电压与电源电压相等；电源对电容放电的过程中，放电电流 I_2 随着电容两端电压逐渐减小也会出现由开始放电时一瞬间的突然增大到变小直至零的变化，此时，电容储存的电荷量完全消失，整个电路没有电能维持运转也相当于断路。由此可见，充电电压上升，放电电压下降，充放电电流都是在开始的一瞬间突然增大随后逐渐减小。而灯泡的亮暗与通过它的电流大小是成正比的，这就解释了为什么灯泡会发生这样的变化。

电容充放电的时间只与电阻和电容值的大小有关，与电源电压的大小无关。这个时间可以表示成 RC 的乘积，即 $T=5RC$ 时充放电基本结束。

对于恒定直流电来说，当电容充电一旦完成，电容就像一个断开的开关，表现为开路状态；而交流电的大小和方向都在不断变化，不停地在对电容进行双向充放电，维持了一个持续不断但方向和大小却不断改变的充放电电流，从而外在表现为"流通"的状态。另外，在交流电中电容也具有阻碍作用——容抗：

$$X_C = \frac{1}{2\pi f_C} \ (\Omega)$$

很明显当频率 f 越大容抗 X_C 就越小，反之越大，相当于一个受频率控制的可变电阻。一句话总结电容的基本特性就是：隔直（流）通交（流），隔低（频）通高（频），电容器的一切功用都源自于此。

二、电容器的主要参数

1. 标称电容量（C）

标称电容量是电容产品标出的电容量值用于衡量电容器储存电能的能力。在国际单位制里，电容量的单位是法拉，简称法，单位符号是 F，常用的电容单位有毫法（mF）、微法（μF）、纳法（nF）和皮法（pF）（皮法又称微微法）等，换算关系是：

$$1 \text{ 法拉} = 10^3 \text{ 毫法} = 10^6 \text{ 微法} = 10^9 \text{ 纳法} = 10^{12} \text{ 皮法（pF）}$$

云母和陶瓷介质电容器的电容量较低（在 5000pF 以下）；纸、塑料和一些陶瓷介质形式的电容量居中（在 $0.005\mu F \sim 10\mu F$）；通常电解电容器的容量较大。

2. 类别温度范围

电容器设计所确定的能连续工作的环境温度范围，该范围取决于它相应类别的温度极限值，如上限类别温度、下限类别温度、额定温度（可以连续施加额定电压的最高环境温度）等。

3. 额定电压（U_R）

在下限类别温度和额定温度之间的任一温度下，可以连续施加在电容器上的最大直流电压或最大交流电压的有效值或脉冲电压的峰值。

三、电容器的命名及规格

(一) 命名

电容的识别方法与电阻的识别方法基本相同，分直标法、色标法和数标法3种。

1. 色标法

单位为 pF，方法与电阻色标法的识别方法完全一致，在这里不再复述。

2. 直标法

容量大的电容其容量值在电容上直接标明，如：10μF/16V，0.68μF/200V。某些瓷片电容也采用这种表示方法，但单位是 pF，如：47 表示 47pF，15 表示 15pF。

3. 字母表示法

一般用数字和字母一同表示容量大小，如：1m = 1mF = 1000μF，1P2 = 1.2pF，4n7 = 4.7nF。

4. 数字表示法

一般用三位数字表示容量大小，单位通常为 pF，前两位表示有效数字，第三位数字是倍率。如：102 表示 $10 \times 10^2 pF = 1000pF$，224 表示 $22 \times 10^4 pF = 0.22\mu F$。

(二) 常用电容的功能与识别

1. 瓷片电容器

用陶瓷做介质，在陶瓷基体两面喷涂银层，然后烧成银质薄膜做极板制成。它的特点是体积小，耐热性好、损耗小、绝缘电阻高，但容量小，适宜用于高频电路。铁电陶瓷电容容量较大，但是损耗和温度系数较大，适宜用于低频电路。瓷片电容的外形及电路符号如图 2 - 2 - 3 所示。

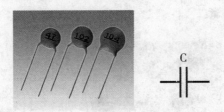

图 2 - 2 - 3 瓷片电容

2. 云母电容器

用金属箔或者在云母片上喷涂银层做电极板，极板和云母一层一层叠合后，再压铸在胶木粉或封固在环氧树脂中制成。它的特点是介质损耗小，绝缘电阻大、温度系数小，适宜用于高频电路。云母电容器的外形及电路符号如图 2 - 2 - 4 所示。

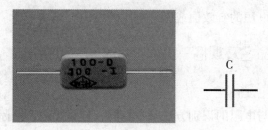

图 2 - 2 - 4　云母电容器

3. 纸质电容器

用两片金属箔做电极，夹在极薄的电容纸中，卷成圆柱形或者扁柱形芯子，然后密封在金属壳或者绝缘材料（如火漆、陶瓷、玻璃釉等）壳中制成。它的特点是体积较小，容量可以做得较大。但是其固有电感和损耗都比较大，用于低频比较合适。纸质电容器的外形及电路符号如图 2 - 2 - 5 所示。

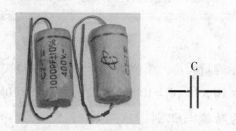

图 2 - 2 - 5　纸质电容器

4. 薄膜电容器

结构和纸介电容相同，介质是涤纶或者聚苯乙烯。涤纶薄膜电容，介电常数较高、体积小、容量大、稳定性较好，适宜做旁路电容。聚苯乙烯薄膜电容，介质损耗小，绝缘电阻高，但是温度系数大，可用于高频电路。薄膜电容器的外形及电路符号如图 2 - 2 - 6 所示。

图 2 - 2 - 6　薄膜电容器

5. 铝电解电容器

是由铝圆筒做负极，里面装有液体电解质，插入一片弯曲的铝带做正极制成。还需要经过直流电压处理，使正极片上形成一层氧化膜做介质。它的特点是容量大，但是漏电大，稳定性差，有正负极性，适宜用于电源滤波或者低频电路中。使用的时候正负极不能接反，否则极易烧毁。铝电解电容器的外形及电路符号如图2-2-7所示。

图2-2-7　铝电解电容器

6. 钽、铌电解电容器

用金属钽或者铌做正极，用稀硫酸等配液做负极，用钽或铌表面生成的氧化膜做介质制成。它的特点是体积小、容量大、性能稳定、寿命长、绝缘电阻大、温度特性好。用在要求较高的设备中。钽、铌电解电容器的外形及电路符号如图2-2-8所示。

图2-2-8　钽、铌电解电容器

7. 微调电容器

微调电容器也称半可变电容器，它的电容量可在某一小范围内调整，并可在调整后固定于某个电容值。微调电容器的外形及电路符号如图2-2-9所示。

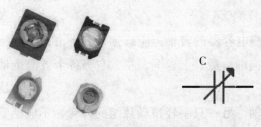

图2-2-9　微调电容器

四、电容器的检测及代换

（一）电容器的检测

1. 小容量电容器的检测

检测 0.01μF 以下的小电容，因 0.01μF 以下的固定电容器容量太小，用万用表进行测量，只能定性地检查其是否有漏电，内部短路或击穿现象。测量时，可选用万用表 R×10k 挡，用两表笔分别任意接电容的两个引脚，阻值应为无穷大。若测出阻值（指针向右摆动）为几 MΩ 以下，则说明电容漏电损坏或内部击穿。

对于 0.01μF 以上的小容量电容，可用万用表的 R×10k 挡直接测试电容器有无充电过程以及有无内部短路或漏电，并可根据指针向右摆动的幅度大小估计出电容器的容量。

2. 电解电容器的检测

因为电解电容的容量较一般固定电容大得多，所以测量时，应针对不同容量选用合适的量程。根据经验，一般情况下，1～47μF 间的电容，可用 R×1k 挡测量，大于 47μF 的电容可用 R×100 挡测量。

将万用表红表笔接负极，黑表笔接正极，在刚接触的瞬间，万用表指针即向右偏转较大，接着逐渐向左回转，直到停在某一位置（对于同一电阻挡，容量越大，摆幅越大，回转越慢）。此时读出的阻值便是电解电容的正向漏电阻，此值略大于反向漏电阻。实际使用经验表明，电解电容的漏电阻一般应在几百 kΩ 以上，否则，将不能正常工作。在测试中，若正向、反向均无充电的现象，即表针不动，则说明容量消失或内部断路；如果所测漏电阻值很小或为零，说明电容漏电或已击穿损坏，必须更换。

通常厂家会对电解电容的正负极进行标识（长引脚为正极，短引脚为负极，同时在电容表面也会标出负极），但对于正负极标志不明的电解电容器，可利用上述测量漏电阻的方法加以判别。即先任意测一下漏电阻，记住其大小，短路放电后交换表笔再测出一个阻值。两次测量中阻值大的那一次便是正向接法，即黑表笔接的是正极，红表笔接的是负极。

使用万用表电阻挡，采用给电解电容进行正、反向充电的方法，根据指针向右摆动幅度的大小，可估测出电解电容的容量。

3. 可变电容器的检测

用手轻轻旋动可变电容器的转轴，应感觉十分平滑，不应感觉有时松有时紧甚至有卡滞现象。将载轴向前、后、上、下、左、右等各个方向推动时，转轴不应有松动的现象。

用一只手旋动转轴，另一只手轻摸动片组的外缘，不应感觉有任何松脱现象。转轴与动片之间接触不良的可变电容器，是不能再继续使用的。

将万用表置于 R×10k 挡，一只手将两个表笔分别接可变电容器的动片和定片的引出端，另一只手将转轴缓缓旋动几个来回，万用表指针都应停留在"无穷大"位置。在旋动转轴的过程中，如果指针有时指向零，说明动片和定片之间存在短路点；如果碰到某一角度，万用表读数不为无穷大而是出现一定阻值，说明可变电容器动片与定片之间存在漏电现象。

（二）电容器的代换

（1）用于滤波电路的电解电容，一般来讲只要耐压、耐温相同，稍大容量的电容可代稍小的，但有些电路电容值相差不可太悬殊。比如市电交流电整流滤波电容容量太大时会造成设备开机瞬间对整流桥堆等元件的冲击电流过大，造成元件损坏。

（2）起定时作用的电容要尽量用原值代用。若容量小，就采用并联方法解决，容量大时，串联解决（电容量串并联计算与电阻正好相反：串联：

$$\frac{1}{C} = \frac{1}{C_1} + \frac{1}{C_2} + \cdots; \quad 并联：C = C_1 + C_2 + \cdots$$

（3）代用电容在耐压、温度系数方面不能低于原电容。

（4）不能用有极性电解电容取代无极性电解电容。当无极性电解电容较小时，可用其他无 极性电容代换。

第三节　电感器

一、电感器的功能与特性

电感器与电阻器、电容器并称电路三大基本元件，在高频电路中，使用电感器较多，通常起着阻隔高频交流噪声、与电容构成谐振电路、充当高频信号的负载的作用。

（一）电感器的结构和符号

用导线绕制而成的线圈就是一个电感器（简称电感或线圈），当导线中有电流通过时，其周围即会建立磁场，绕制的圈数越多磁场越强。常用的电感器有空心电感器、铁芯电感器和可调电感器等，其外观与电路符号如图 2-3-1 所示。

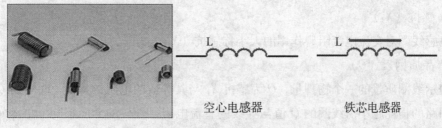

空心电感器　　　　　铁芯电感器

图 2-3-1　电感器的外观与电路符号

（二）电感器的特性

电感的基本作用与电容十分相似也可以充放电，但不同的是电感的充放电过程是一个电磁转换的过程，即充电是将电能转换为磁能储存，放电是将储存的磁能重新转换为电能释放。

电感的基本特性与电容虽然十分相似，但却截然相反：阻交（流）通直（流），阻高（频）通低（频）。

通直流：指电感器对直流呈通路状态，如果不计电感线圈的电阻，那么直流电可以"畅通无阻"地通过电感器，即对直流而言，线圈可以近似看成一根导线。

阻交流：当交流电通过电感线圈时电感器对交流电存在着阻碍作用，阻碍交流电的是电感线圈的感抗：

$$X_L = 2\pi f L \ (\Omega)$$

另外，从感抗公式中也很容易发现 f 越大则感抗 X_L 越大，反之，X_L 越小。这就说明，电感在高频环境中所表现出来的阻抗要大于低频环境，即阻高通低。

除此以外，电感线圈还有阻碍交流电路中电流变化趋势的特性，即阻碍流经它的电流变大或变小。

二、电感器的主要参数

1. 标称电感量（L）

标称电感量指电感器上标注的电感量的大小。它表示线圈本身固有特性，其大小主要取决于线圈的圈数，结构及绕制方法等，与电流大小无关，它反映电感线圈存储磁场能的能力，也反映电感器通过变化电流时产生感应电动势的能力。通常线圈圈数越多电感量越大，有铁芯的电感的电感量要大于空心电感。在国际单位制里，电感的单位是亨利，简称亨，符号是 H，常用的电感单位有毫亨（mH）、微亨（μH），换算关系是：

$$1 \text{ 亨利} = 10^3 \text{ 毫亨} = 10^6 \text{ 微亨}$$

2. 允许误差

电感的实际电感量相对于标称值的最大允许偏差范围称为允许误差。

3. 感抗（X_L）

电感线圈对交流电流阻碍作用的大小称感抗（X_L），单位为欧姆。

4. 品质因素（Q）

表示线圈质量的一个物理量，Q 为感抗 X_L 与其等效的电阻的比值。线圈的 Q 值越高，回路的损耗越小。线圈的 Q 值与导线的直流电阻，骨架的介质损耗，屏蔽罩或铁芯引起的损耗，高频趋肤效应的影响等因素有关。线圈的 Q 值通常为几十到几百数字不等。

5. 额定电流

额定电流是指能保证电路正常工作的工作电流。

6. 分布电容（寄生电容）

线圈的匝与匝间、线圈与屏蔽罩间、线圈与底板间存在的电容被称为分布电容。分布电容的存在使线圈的 Q 值减小，稳定性变差，因而线圈的分布电容是越小越好。

三、电感器的命名

1. 直标法

在电感线圈的外壳上直接用数字和文字标出电感线圈的电感量，允许误差及最大工作电流等主要参数。电感元件的型号一般由下列三部分组成：

第一部分用字母"L"表示，主称为电感线圈。

第二部分用字母与数字混合或数字来表示电感量。如：$2R2 = 2.2\mu H$，$100 = 10 \times 10^0 \mu H = 10\mu H$，$103 = 10 \times 10^3 \mu H = 10mH$。

第三部分用字母表示误差范围。字母"J"为 $\pm5\%$，字母"K"为 $\pm10\%$，字母"M"为 $\pm20\%$。

2. 色标法

单位为 μH，方法与电阻色标法的识别方法完全一致，在这里不再复述。应指出的是，目前，固定电感线圈的型号命名方法各生产厂家有所不同，尚无统一的标准。

四、电感器的检测及代换

（一）电感器的检测

通常将万用表打向欧姆×1挡，把表笔放在电感两引脚上，看万用表的读数。对于电感此时的读数应十分接近零，若万用表读数偏大或为无穷大则表示电感损坏。对于电感线圈匝数较多，线径较细的线圈读数会达到几十到几百欧，通常情况下线圈的直流电阻只有几欧姆。损坏表现为发烫或电感磁环明显损坏，若电感线圈不是严重损坏，而又无法确定时，可用电感表测量其电感量或用替换法来判断。

（二）电感器的代换

选用电感器时，应考虑其性能参数（例如电感量、额定电流、品质因数等）及外形尺寸是否符合要求。

小型固定电感器与色码电感器、色环电感器之间，只要电感量、额定电流相同，外形尺寸相近，可以直接代换使用。

半导体收音机中的振荡线圈，虽然型号不同，但只要其电感量、品质因数及频率范围相同，也可以相互代换。

电视机中的行振荡线圈，应尽可能选用同型号、同规格的产品，否则会影响其安装及电路的工作状态。

电视机中的显像管偏转线圈一般与显像管及行、场扫描电路配套使用。但只要其规格、性能参数相近，即使型号不同，也可相互代换。

第四节　变压器

一、变压器的功能与特性

变压器是利用互感原理工作的电磁装置。变压器除了可以变换电压之外，还可以变换电流，变换阻抗，改变相位。由此可见，变压器是输配电、电子线路和电工测量中十分重要的电气设备。其结构和电路符号如图 2-4-1 所示。

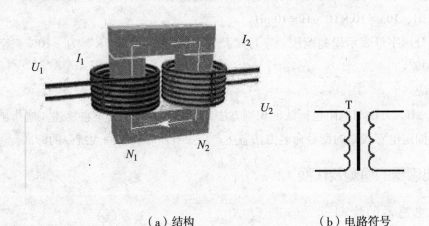

（a）结构　　　　　　　（b）电路符号

图 2-4-1　变压器的结构和电路符号

（一）变压器的结构和符号

图 2-4-1（a）中左边的线圈为一次绕组（也称初线圈），U_1、I_1、N_1 为一次绕组的电压、电流和匝数（线圈的圈数）；右边的线圈为二次绕组（也称次线圈），U_2、I_2、N_2 为二次绕组的电压、电流和匝数，中间的方形结构体为磁芯（为了减小涡流和磁滞损耗，铁芯是用磁导率较高而且相互绝缘的硅钢片叠装而成的），用以传导磁能。

（二）变压器的工作原理

当交流电源输入一次绕组并在线圈中转换为交变的磁能，交变的磁能通过磁芯传导至二次绕组，在二次绕组磁能重新转换为电能输出，这就是变压器的整个工作过程——互感和电磁转换。

变压器可以变换电压、变换电流和变换电阻：

1. 变换电压

$$\frac{U_1}{U_2} = \frac{N_1}{N_2} = n$$

变压器原、副线圈的端电压之比等于这两个线圈的匝数比 n，当 $N_1 > N_2$ 时，$V_1 > V_2$，为升压变压器，反之，为降压变压器。

2. 变换电流

$$\frac{I_1}{I_2} = \frac{N_2}{N_1} = \frac{1}{n}$$

变压器工作时原、副线圈中的电流跟线圈的匝数成反比。

3. 变换电阻

$$\frac{R_1}{R_2} = \frac{N_1{}^2}{N_2{}^2}$$

变压器的阻抗变换这一特点经常使用在电路的阻抗匹配方面。

这里要注意的是，变压器只能对交流电进行电压、电流和电阻变换，若给变压器的绕组输入直流电，另一侧绕组将不会输出任何电能，且因为变压器的绕组是导线绕制而成的，在直流电中还会造成短路烧毁变压器或其他元件，所以给变压器通直流电既无用处也无益处。

二、变压器的主要参数

1. 工作频率

变压器铁芯损耗与频率关系很大，故应根据使用频率来设计和使用，这种频率称为工作频率。

2. 额定功率

在规定的频率和电压下，变压器能长期工作，而不超过规定温度的输出功率。

3. 额定电压

指在变压器的线圈上所允许施加的电压，工作时不得大于规定值。

4. 变压比

指变压器初级电压和次级电压的比值，有空载电压比和负载电压比的区别。

5. 空载电流

变压器次级开路时，初级仍有一定的电流，这部分电流称为空载电流。空载电流由磁化电流（产生磁通）和铁损电流（由铁芯损耗引起）组成。对于 50Hz 电源变压器而言，空载电流基本上等于磁化电流。

6. 空载损耗

指变压器次级开路时，在初级测得功率损耗。主要损耗是铁芯损耗，其次是空载电流在初级线圈铜阻上产生的损耗（铜损），这部分损耗很小。

7. 效率

指次级功率 P_2 与初级功率 P_1 比值的百分比。通常变压器的额定功率越大，效率就越高。

8. 绝缘电阻

表示变压器各线圈之间、各线圈与铁芯之间的绝缘性能。绝缘电阻的高低与所使用的绝缘材料的性能、温度高低和潮湿程度有关。

三、变压器的命名

1. 中频变压器的命名方法

晶体管调幅收音机中的中频变压器命名方法由三部分组成：

第一部分：主称，用几个字母组合表示名称、特征、用途。

第二部分：外形尺寸，用数字表示。

第三部分：序号，用数字表示。"1"表示第一中放电路用中频变压器，"2"表示第二中放电路用中频变压。

表 2 - 4 - 1　　　　　　　　　中频变压器命名方法

主　称		尺寸	
字母	意义	数字	外形尺寸（mm × mm × mm）
T	中频变压器	1	$7 \times 7 \times 12$
L	线圈或振荡线圈	2	$10 \times 10 \times 14$
T	磁性瓷芯式	3	$12 \times 12 \times 16$
F	调幅收音机用	4	$20 \times 25 \times 36$
S	短波段		

表 2 - 4 - 1 所示中频变压器型号主称用字母与外形尺寸使用数字的意义。

例如：

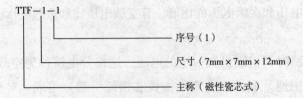

TTF－1－1

序号（1）

尺寸（7mm × 7mm × 12mm）

主称（磁性瓷芯式）

TTF—1—1 表示调幅收音机用的磁性瓷芯式中频变压器，外形尺寸为 7mm×7mm×12mm，是第一级中放电路用中频变压器。

2. 低频变压器的型号命名方法

低频变压器的型号命名法由三部分组成：

第一部分：主称，用字母表示。

第二部分：功率，用数字表示。

第三部分：序号，用数字表示。

表 2-4-2 是低频变压器型号主称所用字母的意义。

表 2-4-2　　　　　　　　低频变压器的命名方法

主称字母	意　义
DB	电源变压器
CB	音频输出变压器
RB 或 TB	音频输入变压器
GB	高压变压器
HB	灯丝变压器
SB 或 ZB	音频（定阻式）输出变压器
KB	开关变压器

例如：

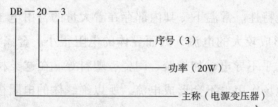

DB—20—3 表示 20W 的电源变压器。

四、变压器的检测

1. 通过观察变压器的外貌来检查其是否有明显异常现象

如线圈引线是否断裂，脱焊，绝缘材料是否有烧焦痕迹，铁芯紧固螺杆是否有松动，硅钢片有无锈蚀，绕组线圈是否有外露等。

2. 绝缘性测试

用万用表 R×10k 挡分别测量铁芯与初级、初级与各次级、铁芯与各次级、静电屏蔽层与初级、次级各绕组间的电阻值，万用表指针均应指在无穷大位置不动，否则，说明变压器绝缘性能不良。

3. 线圈通断的检测

将万用表置于 R×1 挡，测试中，若某个绕组的电阻值为无穷大，则说明此绕组有断路性故障。

4. 判别初、次级线圈

电源变压器初级引脚和次级引脚一般都是分别从两侧引出的，并且初级绕组多标有 220V 字样，次级绕组则标出额定电压值，如 15V、24V、35V 等。再根据这些标记进行识别。

5. 空载电流的检测

将次级所有绕组全部开路，把万用表置于交流电流挡（500mA），串入初级绕组。当初级绕组的插头插入 220V 交流市电时，万用表所指示的便是空载电流值。此值不应大于变压器满载电流的 10%～20%。一般常见电子设备电源变压器的正常空载电流应在 100mA 左右。如果超出太多，则说明变压器有短路性故障。

第五节 晶体管二极管

一、半导体

（一）导体、绝缘体和半导体

自然界的各种物质就其导电性能来说，可以分为导体、绝缘体和半导体三大类。导体具有良好的导电特性。常温下，其内部存在着大量的自由电子，它们在外电场的作用下做定向运动形成较大的电流，因而导体的电阻很小。金属一般为导体，如铜、铝、银等。绝缘体几乎不导电，如橡胶、陶瓷、塑料等。在这类材料中，几乎没有自由电子，即使受外电场作用也不会形成电流，所以绝缘体的电阻极大。半导体导电能力介于导体和绝缘体之间，如硅、锗、硒等，它的导电能力受掺杂、温度、光照和电压的影响十分显著。

（二）半导体材料

1. 本征半导体

非常纯净的单晶半导体称为本征半导体。常用的半导体材料是硅（Si）和锗（Ge）。

2. 杂质半导体

本征半导体的导电能力很弱，热稳定性也很差，因此，不宜直接用它制造半导体器件。半导体器件多数是用含有一定数量的某种杂质的半导体制成。根据掺入杂质性质的不同，杂质半导体分为 P 型半导体和 N 型半导体两种。

在本征半导体硅（或锗）中，若掺入微量的 3 价元素（如硼），就形成 P 型半导体，本征半导体硅（或锗）中掺入微量的 5 价元素（如磷）就形成 N 型半导体。

（三）PN 结的特性

1. PN 结的构成

在一块完整的硅片上，用不同的掺杂工艺使其一边形成 N 型半导体，另一边形成 P 型半导体，那么在两种半导体交界面附近就形成了 PN 结。

2. PN 结的单向导电性

PN 结在外加电压时，当电源正极接 P 区，负极接 N 区时，称为给 PN 结加正向电压或正向偏置（简称正偏），如图 2 - 5 - 1 所示。此时电路中会形成较大的正向电流，形成导通状态，而且随着正向电压的增大而增大。

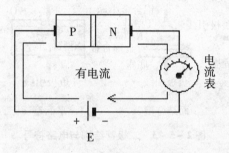

图 2 - 5 - 1　PN 结正偏电路

当电源正极接 N 区、负极接 P 区时，称为给 PN 结加反向电压或反向偏置（简称反偏），如图 2 - 5 - 2 所示。这时通过 PN 结的电流称为反向电流。反向电流极小，而且当外加电压在一定范围内变化时，它几乎不随外加电压的变化而变化，因此反向电流又称为反向饱和电流。当反向电流可以忽略时，就可认为 PN 结处于截止状态，即断路状态。

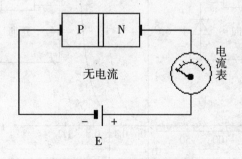

图 2 - 5 - 2　PN 结反偏电路

综上所述，PN 结正偏时，正向电流较大，PN 结表现为低电阻，相当于 PN 结导通；反偏时，反向电流很小，PN 结表现为高电阻，相当于 PN 结截止。这就是 PN 结的单向导电性，简言之：正向导通，反向截止。

二、晶体二极管的功能与特性

晶体二极管又称半导体二极管，简称二极管。几乎在所有的电子电路中，都要用到半导体二极管，它在许多的电路中起着重要的作用，它是诞生最早的半导体器件之一，其应用也非常广泛。

（一）二极管的结构和符号

二极管是由 PN 结上加接触电极、引线和管壳封装而成的。按其结构，通常有点接触型和面结型两类。二极管为二端元件，两级分别是正极（P 极）和负极（N 极），使用时不能接错，其结构与电路符号如图 2-5-3 所示。

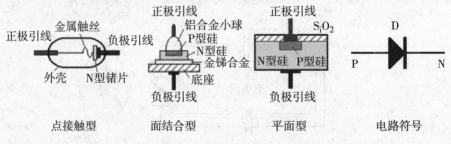

点接触型　　　　面结合型　　　　平面型　　　　电路符号

图 2-5-3　二极管结构与电路符号

（二）二极管的特性

二极管的伏安特性曲线是指加在二极管两端的电压和流过二极管的电流之间的关系曲线，如图 2-5-4 所示。二极管伏安特性曲线通常用来描述二极管的性能。下面

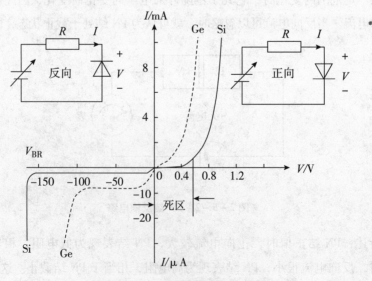

图 2-5-4　二极管伏安特性曲线

对二极管的伏安特性曲线进行分析。

1. 正向特性

由图 2 – 5 – 4 可以看出，在电子电路中，将二极管的正极接在高电位端，负极接在低电位端，此时回路电流较大，二极管处于导通状态，这种连接方式，称为正向偏置。必须说明，当加在二极管两端的正向电压很小时，二极管仍然不能导通，流过二极管的正向电流十分微弱，二极管呈现出较大的电阻，这段曲线称为死区。只有当正向电压达到某一数值，即正向导通电压（这一数值也称为门槛电压或阀电压，锗管约为 0.3V，硅管约为 0.6V）以后，二极管才能导通。导通后无论外加电压（必须高于门槛电压）如何变化二极管两端的电压基本上保持不变（锗管为 0.2 ~ 0.3V，硅管为 0.5 ~ 0.7V，这称为二极管的"正向压降"），这常常是判断一个二极管是否正常工作的重要指标。

2. 反向特性

在电子电路中，二极管的正极接在低电位端，负极接在高电位端，此时二极管中几乎没有电流流过，此时二极管处于截止状态，这种连接方式，称为反向偏置。二极管处于反向偏置时，仍然会有微弱的反向电流流过二极管，也称为漏电流或反向饱和电流。当二极管两端的反向电压增大到某一数值，反向电流会急剧增大，这种状态称为二极管的击穿。击穿特性的特点是，虽然反向电流剧增，但二极管的端电压却变化很小，这与二极管的正向特性十分相似，这一特点成为制作稳压二极管的依据，但通常大多数二极管一旦被击穿就会永久丧失单向导电性，从而无法使用。

综上所述，二极管的特性实际上就是 PN 结的特性：正向导通，反向截止。

三、二极管的主要参数

1. 最大平均整流电流 I_F

I_F 是指二极管长期工作时，允许通过的最大正向平均电流。实际应用时，工作电流应小于 I_F，否则，可能导致结温过高而烧毁 PN 结。

2. 正向压降 V_D

在规定的正向电流下，二极管的正向压降。小电流硅二极管的正向压降在中等电流水平下，为 0.5 ~ 0.7 V；锗二极管为 0.2 ~ 0.3 V。

3. 最高反向工作电压 V_{RM}

V_{RM} 是指二极管反向运用时，所允许加载的最大反向电压。实际应用时，当反向电压增加到击穿电压时，二极管可能被击穿损坏。因而，V_{RM} 通常取为击穿电压的（1/2 ~ 2/3）。

4. 反向饱和电流 I_R

I_R 是指二极管未被反向击穿时的反向电流。I_R 越小表明二极管的单向导电性能越好。另外，I_R 与温度密切相关，使用时应注意。

5. 最高工作频率 F_M

F_M 是指二极管正常工作时，允许通过交流信号的最高频率。实际应用时，不要超过此值，否则二极管的单向导电性将显著退化。F_M 的大小主要由二极管的电容效应来决定。

6. 二极管的电阻

就二极管在电路中电流与电压的关系而言，可以把它看成一个等效电阻，且有直流电阻与交流电阻之分。一般二极管的正向直流电阻在几十欧姆至几千欧姆，二极管的交流正向电阻在几至几十欧姆。

四、二极管的命名及规格

(一) 二极管的命名

国家标准国产二极管的型号命名分为五个部分，具体如下所示：

第一部分：主称。

"2" 表示二极管。

第二部分：材料与极性。

A：N 型锗材料；B：P 型锗材料；C：N 型硅材料；D：P 型硅材料；E：化合物材料。

第三部分：类别。

P：小信号管（普通管）；W：电压调整管和电压基准管（稳压管）；L：整流堆；N：阻尼管；Z：整流管；U：光电管；K：开关管；B 或 C：变容管；V：混频检波管；JD：激光管；S：隧道管；CM：磁敏管；H：恒流管；Y：场效应管；EF：发光二极管。

第四部分：序号。

用数字表示同一类别产品序号。

第五部分：规格号。

用字母表示产品规格、挡次。

例如：

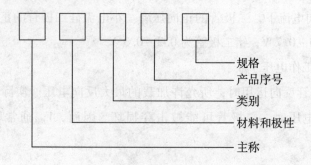

（二）常用二极管的功能与识别

1. 整流二极管

能够将交流电源变换成直流电的二极管称为整流二极管。整流二极管主要利用二极管的单向导电性，将交流电变为直流电。整流二极管的外形封装有金属壳封装、塑料封装和玻璃封装等多种形式，其管形大小随整流管的参数而异，外形及电路符号如图 2 – 5 – 5 所示。

图 2 – 5 – 5　整流二极管

2. 稳压二极管

稳压二极管是应用在反向击穿区的特殊硅二极管，稳压是利用 PN 结击穿后，其两端的电压基本保持不变的特性来工作的。稳压二极管的伏安特性曲线与硅二极管的伏安特性曲线完全一样，但稳压管的反向击穿电压要小于普通管。在使用时应将稳压管反接，并串入一只限流电阻。稳压二极管外形、符号、伏安特性曲线和典型应用电路如图 2 – 5 – 6 所示。

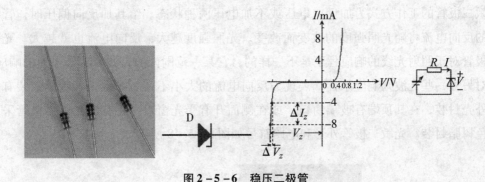

图 2 – 5 – 6　稳压二极管

分辨小电压稳压管与其他二极管通常用 R × 10k 挡测量其反偏阻值，普通管通常接近无穷大，而稳压管通常为几百千欧。

3. 发光二极管

发光二极管在日常生活电器中无处不在，它能够发光，有红色、绿色和黄色等，有直径为 3mm 或 5mm 圆形的，也有规格为 2mm × 5mm 长方形的。与普通二极管一样，发光二极管也是由半导体材料制成的，也具有单向导电的性质，即只有极性正确才能发光。发光二极管外形和电路符号如图 2 - 5 - 7 所示。

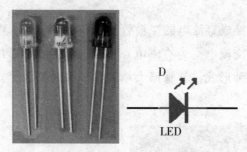

图 2 - 5 - 7　发光二极管

分辨发光二极管正负极的方法有实验法和目测法。通常发光管两引脚一长一短，长引脚即为正极。实验法就是通电看看能不能发光，若不能就是极性接错或是发光管损坏。

注意发光二极管是一种电流型器件，虽然在它的两端直接接上 3V 的电压后能够发光，但容易损坏，在实际使用中一定要串接限流电阻，工作电流根据型号不同一般为 1 ~ 30mA。另外，由于发光二极管的导通电压一般为 1.7V 以上，所以一节 1.5V 的电池不能点亮发光二极管。同样，一般万用表的 R × 1 挡到 R × 1k 挡均不能测试发光二极管，而 R × 10k 挡由于使用 9V 的电池能把大部分发光管点亮。

4. 光敏二极管

光敏二极管是一种光电转换器件，也就是说能把接收到的光，转变成电流的变化。光敏二极管的工作方式为加反向电压或不加电压两种状态。给其加反向偏压时，管子中的反向电流将随光照强度的改变而改变。光照强度越大，反向电流也就越大。光敏二极管对于照射光线的响应程度是不一样的，它某一范围内的光波有着最强烈的响应，而对另外一些光波则响应不佳，表现为反向电流的大小不一。光敏二极管的封装有金属外壳封装，在其顶端有玻璃窗口，或在侧面开有受光窗口。还有的光敏二极管采用黑色树脂封装。光敏二极管外形和电路符号如图 2 - 5 - 8 所示。

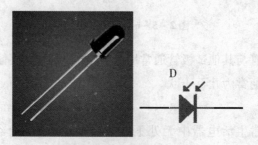

图 2 - 5 - 8　光敏二极管

5. 开关二极管

由于半导体二极管具有单向导电的特性，二极管将在电路中起到控制电流接通或关断的作用，成为一个理想的电子开关。开关二极管就是为在电路上进行"开"、"关"而特殊设计制造的一类二极管。开关二极管的开关速度是相当快的，像硅开关二极管的反向恢复时间只有几纳秒，即使是锗开关二极管，也不过几百纳秒。开关二极管具有开关速度快、体积小、寿命长、可靠性高等特点，广泛应用于电子设备的开关电路、检波电路、高频和脉冲整流电路及自动控制电路中。开关二极管外形和电路符号如图 2 - 5 - 9 所示。

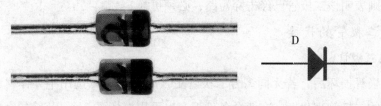

图 2 - 5 - 9　开关二极管

6. 变容二极管

变容二极管的伏安特性曲线和普通二极管一样，不同的是它工作在反向偏置状态。其结电容就是耗尽层的电容，因此可以把耗尽层看做两个导电板之间有介质的平行板电容器。结电容的大小与反向偏压的大小有关，反向偏压越大，结电容越小，反之，结电容越大。变容二极管外形和电路符号如图 2 - 5 - 10 所示。

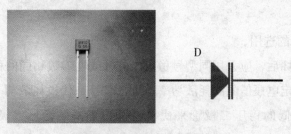

图 2 - 5 - 10　变容二极管

五、二极管的检测及代换

（一）二极管的检测

二极管最明显的性质就是它的单向导电特性，就是说电流只能从一边过去，却不能从另一边过来，即只能从正极流向负极。测试前先把万用表的转换开关拨到欧姆挡的 R×1k 挡位（注意不要使用 R×1 挡，以免电流过大烧坏二极管）。

1. 正向特性测试

把万用表的黑表笔（即表内电池正极）接触二极管的正极（P极），红表笔（即表内电池负极）接触二极管的负极（N极），即二极管正偏（通常二极管有色点或色环的一端为负极），指针将右摆至接近零处，这时的阻值就是二极管的正向电阻，一般正向电阻越小越好。若测得正向电阻值接近无穷大，说明二极管已经断路，必须更换。

2. 反向特性测试

把万用表的红表笔接触二极管的正极（P极），黑表笔接触二极管的负极（N极），即二极管反偏，若表针指在无穷大或接近无穷大，管子就是合格的。若指针向右摆至接近零处，则表明该二极管已经击穿短路，必须更换。

（二）二极管的代换

1. 检波二极管

检波二极管损坏后，若无同型号二极管更换时，也可以选用半导体材料相同，主要参数相近的二极管来代换。在业余条件下，也可用损坏了一个PN结的高频三极管来代用。

2. 整流二极管

整流二极管损坏后，可以用同型号的整流二极管或参数相同的其他型号整流二极管代换。通常，高耐压值（反向电压）的整流二极管可以代换低耐压值的整流二极管，而低耐压值的整流二极管不能代换高耐压值的整流二极管。整流电流值高的二极管可以代换整流电流值低的二极管，而整流电流值低的二极管则不能代换整流电流值高的二极管。

3. 稳压二极管的选用

稳压二极管损坏后，应采用同型号稳压二极管或电参数相同的稳压二极管来更换。可以用具有相同稳定电压值的高耗散功率稳压二极管来代换耗散功率低的稳压二极管，但不能用耗散功率低的稳压二极管来代换耗散功率高的稳压二极管。例如，0.5W、6.2V的稳压二极管可以用1W、6.2V稳压二极管代换，反之不能代换。

4. 开关二极管的选用

开关二极管损坏后，应用同型号的开关二极管更换或用与其主要参数相同的其他型号的开关二极管来代换。高速开关二极管可以代换普通开关二极管，反向击穿电压高的开关二极管可以代换反向击穿电压低的开关二极管。

5. 变容二极管的选用

变容二极管损坏后，应更换与原型号相同的变容二极管或用其主要参数相同（尤其是结电容范围应相同或相近）的其他型号的变容二极管来代换。

第六节　晶体管三极管

一、三极管的功能与特性

晶体三极管也称为半导体三极管，简称三极管或晶体管。三极管是电子电路中最重要的器件之一。它最主要的功能是电流放大和开关作用。在实际应用中，从不同的角度对三极管可有不同的分类方法。按材料分，有硅（Si）管和锗（Ge）管；按结构分，有 NPN 型管和 PNP 型管；按工作频率分，有高频管和低频管；按制造工艺分，有合金管和平面管；按功率分，有中、小功率管和大功率管等。

（一）三极管的结构和符号

三极管顾名思义具有三个电极。二极管是由一个 PN 结构成的，而三极管由两个 PN 结构成，共用的一个电极成为三极管的基极（用字母 B 表示），其他的两个电极成为集电极（用字母 C 表示）和发射极（用字母 E 表示），E－B 间的 PN 结称为发射结，C－B 间的 PN 结称为集电结。由于不同的组合方式，形成了一种是 NPN 型的三极管，另一种是 PNP 型的三极管。三极管常用 Q、V 或 BJT 来表示，三极管的结构和电路符号如图 2－6－1 所示。

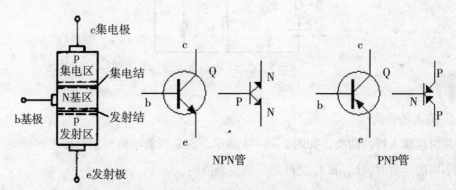

图 2－6－1　三极管的结构和电路符号

三极管在电路中的连接方式有共基极、共射极、共集电极三种接法，如图 2－6－2 所

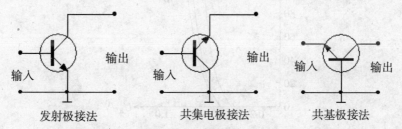

图 2－6－2　三极管的三种连接方式

示。判断三极管在电路中的连接方式是共哪个极，主要看电路的输入端及输出端以三极管的哪个极作为公共端。必须注意，无论哪种接法，为了使三极管具有正常的电流放大作用，都必须外加大小和极性适当的电压，即必须给发射结加正向偏置电压，给集电结加反向偏置电压（一般几到几十伏）。图2-6-3所示即为一个典型的共射极电路。

（二）三极管的特性曲线

三极管外部各极电压和电流的关系曲线，称为三极管的特性曲线，又称伏安特性曲线。它不仅能反映三极管的质量与特性，还能用来定量地估算出三极管的某些参数，是分析和设计三极管电路的重要依据。

对于三极管的不同连接方式，有着不同的特性曲线。应用最广泛的是共发射极电路，其基本测试电路如图2-6-3所示，共发射极特性曲线可以用描点法绘出，也可以由晶体管特性图示仪直接显示出来。

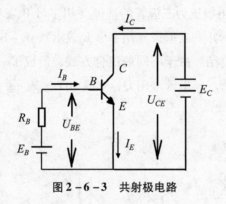

图2-6-3　共射极电路

1. 输入特性曲线

共射极输入特性曲线，如图2-6-4所示，它是当集电极与发射极之间的电压 U_{CE} 维持不同的定值时，U_{BE} 和 I_B 之间的一族关系曲线。

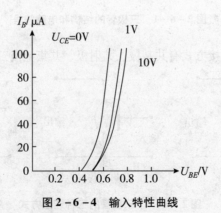

图2-6-4　输入特性曲线

$U_{CE} = 0$ 的一条曲线与二极管的正向特性相似。这是因为 $U_{CE} = 0$ 时，集电结与发射结导通，相当于两个正偏的二极管并联，这样 I_B 与 U_{CE} 的关系就成了两个并联二极管的伏安特性。当 U_{CE} 由零开始逐渐增大时输入特性曲线右移，而且当 U_{CE} 的数值增至较大时（如 $U_{CE} > 1V$），各曲线几乎重合。此外，和二极管一样三极管发射结也有一个正向压降 U_{BE}，通常硅管为 $0.5 \sim 0.7V$，锗管为 $0.2 \sim 0.3V$。

2. 输出特性曲线

共发射极接法的输出特性曲线如图 2 - 6 - 5 所示，它是以 I_B 为参变量的一组特性曲线。

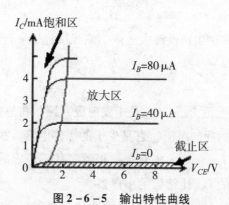

图 2 - 6 - 5　输出特性曲线

现以其中任何一条加以说明，当 $U_{CE} = 0V$ 时，因集电极无收集作用，$I_C = 0$。当 U_{CE} 微微增大时，发射结虽处于正向电压之下，但集电结反偏电压很小，集电区收集电子的能力很弱，I_C 主要由 U_{CE} 决定。当 U_{CE} 增加到使集电结反偏电压较大时，运动到集电结的电子基本上都可以被集电区收集，此后 U_{CE} 再增加，电流也没有明显的增加，特性曲线进入与 U_{CE} 轴基本平行的区域。

输出特性曲线可以分为三个区域：

（1）饱和区：I_C 受 U_{CE} 显著控制的区域，该区域内 U_{CE} 的数值较小，一般 $U_{CE} < 0.7\ V$（硅管）。此时，C、E 间阻抗很小，三极管处于"开"的状态。

（2）截止区：I_C 接近零的区域，相当 $I_B = 0$ 的曲线的下方。此时，C、E 间阻抗很大，三极管处于"关"的状态。

（3）放大区：I_C 平行于 U_{CE} 轴的区域，曲线基本平行等距。此时，三极管处于放大的状态。

二、三极管的主要参数

三极管的参数反映了三极管各种性能的指标，是分析三极管电路和选用三极管的依据。

1. 电流放大系数

（1）直流电流放大系数 $\bar{\beta}$。它表示三极管在共射极连接时，某工作点处直流电流 I_C 与 I_B 的比值，即：

$$\bar{\beta} = \frac{I_C}{I_B}$$

（2）交流电流放大系数 β。它表示三极管共射极连接且 U_{CE} 恒定时，集电极电流变化量 ΔI_C 与基极电流变化量 ΔI_B 之比，即：

$$\beta = \frac{\Delta I_C}{\Delta I_B}$$

$\bar{\beta}$ 与 β 含义不同，但在输出特性放大区内，曲线接近于平行且等距，所以通常认为 $\bar{\beta} \approx \beta$。

2. 极间反向电流

（1）集—基反向饱和电流 I_{CBO}。I_{CBO} 是指发射极开路，在集电极与基极之间加上一定的反向电压时，所对应的反向电流。它是少子的漂移电流。在一定温度下，I_{CBO} 是一个常量。随着温度的升高 I_{CBO} 将增大，它是三极管工作不稳定的主要因素，越小越好。在相同环境温度下，硅管的 I_{CBO} 比锗管的小得多。

（2）穿透电流 I_{CEO}。I_{CEO} 是指基极开路，集电极与发射极之间加一定反向电压时的集电极电流。该电流好像从集电极直通发射极一样，故称为穿透电流。I_{CEO} 和 I_{CBO} 一样，也是衡量三极管热稳定性的重要参数。

3. 极限参数

（1）最大允许集电极耗散功率 P_{CM}。P_{CM} 是指三极管集电结受热而引起晶体管参数的变化不超过所规定的允许值时，集电极耗散的最大功率。当实际功耗大于 P_{CM} 时，不仅会使三极管的参数发生变化，甚至还会烧坏三极管。

（2）最大允许集电极电流 I_{CM}。当 I_C 很大时，β 值逐渐下降。一般规定在 β 值下降到额定值的 2/3（或 1/2）时所对应的集电极电流为 I_{CM}；当 $I_C > I_{CM}$ 时，β 值已减小到不实用的程度，且有烧毁管子的可能。

三、三极管的命名

国产三极管的型号命名与二极管相同，由五部分组成，各部分的含义如表 2-6-1 所示：

第一部分用数字"3"表示主称和三极管。

第二部分用字母表示三极管的材料和极性。

表 2 - 6 - 1 　　　　　　　　　　　三极管命名方法

主称		材料和极性		类别		序号	规格号
数字	含义	字母	含义	字母	含义		
3	三极管	A	锗材料、PNP 型	G	高频小功率管	用数字表示同一类型产品的序号	用字母 A 或 B、C、D……表示同一型号的器件的挡次等
				X	低频小功率管		
		B	锗材料、NPN 型	A	高频大功率管		
				D	低频小功率管		
		C	硅材料、PNP 型	T	闸流管		
				K	开关管		
		D	硅材料、NPN 型	V	微波管		
				B	雪崩管		
		E	化合物材料	J	阶跃恢复管		
				U	光敏管（光电管）		
				J	结型场效应晶体管		

第三部分用字母表示三极管的类别。

第四部分用数字表示同一类型产品的序号。

第五部分用字母表示规格号。

例如：

3AX 为 PNP 型低频小功率管；3BX 为 NPN 型低频小功率管；

3CA 为 PNP 型高频大功率管；3DA 为 NPN 型高频大功率管。

此外有国际流行的 9011～9018 系列高频小功率管，除 9012 和 9015 为 PNP 管外，其余均为 NPN 型管。

四、三极管的检测及代换

（一）三极管的检测

三极管内部有两个 PN 结，可用万用表电阻挡（通常用 R×1k 挡）分辨 E、B、C 三个极。在型号标注模糊的情况下，也可用此法判别管型。

1. 管型与基极的判别

使用万用表打到"×1k 挡"，用黑表笔接假定的基极 B，用红表笔分别接触另外两个极，若测得电阻都小，为几百欧～几千欧，再将黑、红两表笔对调，测得电阻均较大，在几百千欧以上，则此三极管为 NPN 管，且之前黑表笔所接的即是三极管基极。PNP 管，情况正好相反，测量时两个 PN 结都正偏的情况下，红表笔所接为基极。

实际上，小功率管的基极一般排列在三个管脚的中间，可用上述方法，分别将黑、红表笔接基极，既可测定三极管的两个 PN 结是否完好（与二极管 PN 结的测量方法一样），又可确认管型。

2. 集电极和发射极的判别

确定基极后，假设余下管脚之一为集电极 C，另一为发射极 E，用手指分别捏住 C 极与 B 极（即用手指代替基极与集电极间的电阻）。同时，将万用表两表笔分别与 C、E 接触，若被测管为 NPN，则用黑表笔接触 C 极、用红表笔接 E 极（PNP 管则为用红表笔接触 C 极、用黑表笔接 E 极），观察指针偏转角度；然后再设另一管脚为 C 极，重复以上过程，比较两次测量指针的偏转角度，较大的一次表明相应假设的 C、E 极正确。

3. 三极管性能的简易测量

（1）用万用表电阻挡测 I_{CEO} 和 β

基极开路，将万用表调至"×10挡"用黑表笔接 NPN 管的集电极 C、红表笔接发射极 E（PNP 管相反），此时 C、E 间电阻值大则表明 I_{CEO} 小，电阻值小则表明 I_{CEO} 大。

（2）用万用表 h_{FE} 挡测 β

有的万用表有 h_{FE} 挡，按万用表上规定的极型插孔插入三极管即可测得电流放大系数 β，若 β 很小或为零，表明三极管已损坏，可用电阻挡分别测两个 PN 结，确认是否有击穿或断路。

（二）三极管的代换

1. 类型相同

即锗管置换锗管，硅管置换硅管。NPN 型管置换 NPN 型管，PNP 型管置换 PNP 型管。

2. 特性相近

用于置换的三极管应与原三极管的特性相近，它们的主要参数值及特性曲线应相差不多。三极管的主要参数近 20 个，要求所有这些参数都相近，不但困难，而且没有必要。一般来说，只要下述主要参数相近，即可满足置换要求。

（1）集电极最大直流耗散功率 P_{CM}。一般要求用 P_{CM} 与原管相等或较大的三极管进行置换。

（2）集电极最大允许直流电流 I_{CM}。一般要求用 I_{CM} 与原管相等或较大的三极管进行置换。

3. 击穿电压

用于置换的三极管，必须能够在整机中安全地承受最高工作电压。

4. 其他参数

除以上主要参数外，对于一些特殊的三极管，在置换时还应考虑以下参数：

（1）对于低噪声三极管，在置换时应当用噪声系数较小或相等的三极管。

（2）对于具有自动增益控制性能的三极管，在置换时应当用自动增益控制特性相同的三极管。

（3）对于开关管，在置换时还要考虑其开关参数。

5. 外形相似

小功率三极管一般外形均相似，只要各个电极引出线标志明确，且引出线排列顺序与待换管一致，即可进行更换。大功率晶体管的外形差异较大，置换时应选择外形相似、安装尺寸相同的三极管，以便安装和保持正常的散热条件。

第七节　集成电路元件

一、集成电路的功能概述

集成电路 IC（Integrated Circuit）是一种微型电子器件或部件。采用一定的工艺，把一个电路中所需的晶体管、二极管、电阻、电容和电感等元件及布线互联在一起，制作在一小块或几小块半导体晶片或介质基片上，然后封装在一个管壳内，这样就成为具有所需电路功能的微型结构。集成电路在电路中常用字母"IC"（也有用文字符号"N"等）表示。通过这种元件整个电路的体积大大缩小，且引出线和焊接点的数目也大为减少，从而使电子元件向着微小型化、低功耗和高可靠性方面迈进了一大步。

集成电路具有体积小、重量轻、引出线和焊接点少、寿命长、可靠性高、性能好等优点，同时成本低，便于大规模生产。它不仅在工、民用电子设备如收录机、电视机、计算机等方面得到广泛的应用，同时在军事、通信、遥控等方面也得到广泛的应用。用集成电路来装配电子设备，其装配密度比晶体管可提高几十倍至几千倍，设备的稳定工作时间也可大大提高。

二、集成电路的分类

1. 按结构分类

集成电路按其功能、结构的不同，可以分为模拟集成电路和数字集成电路两大类。模拟集成电路用来产生、放大和处理各种模拟信号（指幅度随时间连续变化的信号。例如半导体收音机的音频信号、录放机的磁带信号等），而数字集成电路用来产生、放大和处理各种数字信号（指在时间上和幅度上离散取值的信号。例如 VCD、DVD 重放的音频信号和视频信号）。

2. 按制作工艺分类

集成电路按制作工艺可分为半导体集成电路和膜集成电路。膜集成电路又分为厚膜集成电路和薄膜集成电路。

3. 按集成度高低分类

集成电路按集成度高低的不同可分为小规模集成电路、中规模集成电路、大规模集成电路和超大规模集成电路。

4. 按导电类型不同分类

集成电路按导电类型可分为双极型集成电路和单极型集成电路。双极型集成电路的制作工艺复杂,功耗较大,代表集成电路有 TTL、ECL、HTL、LST – TL、STTL 等类型。单极型集成电路的制作工艺简单,功耗也较低,易于制成大规模集成电路,代表集成电路有 CMOS、NMOS、PMOS 等类型。

5. 按用途分类

集成电路按用途可分为电视机用集成电路、音响用集成电路、影碟机用集成电路、录像机用集成电路、电脑(微机)用集成电路、电子琴用集成电路、通信用集成电路、照相机用集成电路、遥控集成电路、语言集成电路、报警器用集成电路及各种专用集成电路。

三、集成电路的引脚分布

集成电路的引脚较多,如何正确识别集成电路的引脚则是使用中的首要问题。下面介绍几种常用集成电路引脚的排列。

圆形结构的集成电路和金属壳封装的半导体三极管差不多,只不过体积大、电极引脚多。这种集成电路引脚排列方式为:从识别标记开始,沿顺时针方向依次为1、2、3……如图2 – 7 – 1(a)所示。

单列直插型集成电路的识别标记,有的用倒角,有的用凹坑。这类集成电路引脚的排列方式也是从标记开始,从左向右依次为1、2、3……如图2 – 7 – 1(b)、(c)所示。

扁平型封装的集成电路多为双列型,这种集成电路为了识别管脚,一般在端面一侧有一个类似引脚的小金属片,或者在封装表面上有一色标或凹口作为标记。其引脚排列方式是:从标记开始,沿逆时针方向依次为1、2、3……如图2 – 7 – 1(d)所示。但应注意,有少量的扁平封装集成电路的引脚是顺时针排列的。

双列直插式集成电路的识别标记多为半圆形凹口,有的用金属封装标记或凹坑标记。这类集成电路引脚排列方式也是从标记开始,沿逆时针方向依次为1、2、3……如图2 – 7 – 1(e)、(f)。

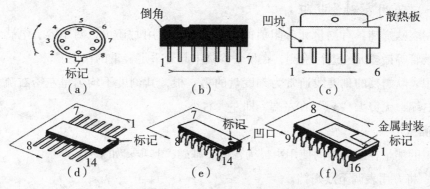

图 2 - 7 - 1　集成器件引脚示意

第八节　常用电子测量仪器的使用

一、万用表

　　万用表具有用途多、量程广，使用方便等优点，是电子测量中最常用的工具。它可以用来测量电阻，交直流电压和电流，有的万用表还可以测量晶体管的主要参数及电容器的电容量等。掌握万用表的使用方法是电子技术的一项基本技能。

　　常见的万用表有指针式万用表和数字式万用表，其外观如图 2 - 8 - 1 所示，它们各有方便之处，很难说谁好谁坏。指针式万用表是以表头为核心部件的多功能测量仪表，测量值由表头指针指示读取。数字式万用表的测量值由液晶显示屏直接以数字的形式显示，不必考虑正负极，且读取十分方便，有些还带有语音提示功能。在这里我们重点介绍指针式万用表的使用方法。

 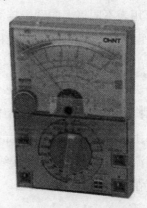

图 2 - 8 - 1　万用表

（一）万用表测量电阻

万用表欧姆挡具有测量元件阻值的作用，实际使用时还可以对电容、电感、二极管、三极管等诸多元件进行检测，在设备检修中起着举足轻重的作用。

万用表欧姆挡的刻度线通常为刻度盘的第一根，其刻度不均匀呈左密右疏，且零刻度在右端，无穷大"∞"在左端，即左大右小。

1. 测量步骤

电阻的测量在欧姆挡的使用中最为普遍、基础，其步骤如下：

（1）将万用表调至欧姆挡。

（2）将红黑表笔短接，同时调节欧姆调零钮使指针右摆至欧姆刻度零处，此时调零完成。若发现指针无法调零到位，则有可能是电池没电，应当更换。

（3）将红黑表笔分别接触电阻两引脚进行测量。

（4）刻度的读数乘以量程即为测量阻值。

2. 注意事项

（1）在测量时不应用手同时捏住电阻两引脚，这样做会使测量值小于实际值，且所测电阻阻值越大误差也越大（参照并联电路的电阻计算）。

（2）在断电电路中测量电阻时应将电阻一脚脱离电路板或从电路板上拆下后测量，否则所测阻值为分布电阻（即所测两点间所有相关元件的总电阻）。

（3）不能在带电的电路中使用欧姆挡，这样极易使万用表因表头通过电流过大而损坏。

（4）欧姆挡的调零并非一劳永逸的，每次换量程时都必须重新调零。

（5）为测量准确应选择合适的量程使指针尽量位于刻度线中部 2/3 的区域，量程的选用可以用四个字概括：大大小小，即若读数过大则应调换较大的量程，若读数过小则应调换较小的量程。

（6）用万用表不同倍率的欧姆挡测量非线性元件的等效电阻时，测出电阻值是不相同的。这是由于各挡位的中值电阻和满度电流各不相同所造成的，机械表中，一般倍率越小，测出的阻值越小。

（二）万用表测直流电压、电流

在设备的检修中时常需要对电路中的关键部位的电压或电流进行测量，通过测量值与正常值的比较从而判断故障出现的部位。

万用表直流电压、电流挡的刻度线通常共用为刻度盘的第二根（DCV.A），其刻度均匀，零刻度在左端，即右大左小。

1. 测量步骤

直流电压和电流的测量方法基本相似，但因测量方便程度不同，通常电压的测量要远多于电流，而电流的测量一般用测量电压加欧姆定律计算的方法来代替。

（1）将万用表调至直流电压挡（DCV）或直流电流挡（DCmA）。

（2）测量直流电压时红黑表笔直接接触被测部分两端，即电压表应与被测部分并联。测量直流电流时应先将被测部分断开，再将红、黑表笔串接在被断开的两点之间，即电流表应与被测部分串联。

（3）测量前要首先判断所测部分的正负极性，测量时应使红表笔接被测部分的正极，黑表笔接被测部分的负极。若无法判定正负极，可先用红黑表笔进行试触，即把万用表量程放在最大挡，在被测电路上很快试一下，看笔针怎么偏转，就可以判断出正、负极性。

（4）电压与电流测量数值的读取完全一样，测量的数值的计算依据公式：

$$测量值 = \frac{量程}{最大刻度值} \times 相应读数$$

万用表的直流刻度线（DCV. A）通常按比例分为两组或三组刻度值，但在此公式中"最大刻度值"选取的是哪组的并不重要，重要的是你读取的读数必须是属于你选中的那组刻度值。

2. 注意事项

（1）在使用万用表过程中，不能用手去接触表笔的金属部分，这样一方面可以保证测量的准确，另一方面也可以保证人身安全。

（2）使用万用表电流挡测量电流时，应将万用表串联在被测电路中，因为只有串联才能使流过电流表的电流与被测支路电流相同。特别应注意电流表不能并联在被测电路中，这样做是很危险的，极易使万用表烧毁。

（3）超量程测量大电压、电流极易烧毁万用表，在测量前必须先估计数值大小再选好量程，若对所测部分的数值无法估计则应当选用最大量程，再视指针摆动情况逐级选用更加合适的量程。

（4）在测量某一电压或电流时，不能在测量的同时换挡，尤其是在测量高电压或大电流时，更应注意，否则，会使万用表毁坏。如需换挡，应先断开表笔，换挡后再去测量。

（5）为测量准确应选择合适的量程使指针尽量位于刻度线中部 2/3 的区域，量程的选用也可以用四个字概括：大大小小，即若读数过大则应调换较大的量程，若读数过小则应调换较小的量程。

二、测量交流电压

万用表交流电压挡的刻度线通常为刻度盘的第三根（ACV），其刻度略不均匀，零刻度在左端，即右大左小，但有些时候为方便起见它与直流共用刻度盘的第二根刻度线。

交流电压的测量除无须判断电路正负极外（交流电不分正负极），其步骤、读数公式、注意事项皆与直流测量相同，故在这里不再复述。

除上述各项基本测量的注意事项外，这里再补充万用表的通用注意事项，如下：

（1）安全第一，在测量电压时尽可能单手测量，即将黑表笔固定在电路的地线上，一只手持红表笔进行测量。

（2）使用万用表之前，必须熟悉量程选择开关的作用。明确要测什么？怎样去测？然后将量程选择开关拨在需要测试挡的位置，切不可弄错挡位。例如：测量电压时误将选择开关拨在电流或电阻挡时，极易把表头烧坏。

（3）万用表在使用时，必须水平直视，以免造成误差。同时，还要注意到避免外界磁场对万用表的影响。

（4）万用表使用完毕，应将转换开关置于交流电压的最大挡，以防别人不慎测量220V市电电压而损坏。如果长期不使用，还应将万用表内部的电池取出来，以免电池腐蚀表内其他器件。

（5）万用表的熔断器一般为0.5安培，更换时应使用同规格的熔断器。

三、示波器

在电子设备中，有很多用来传输、储存或处理各种信号的电路，在检查、调试或维修这些设备时，往往需要检测电路的输入或输出波形。通过对信号波形的观察，判断电路是否正常或通过波形将电路调整到最佳状态，其外形如图2-8-2所示。某种意义上说我们可以把示波器简单地看成是具有图形显示的电压表。普通的电压表是在

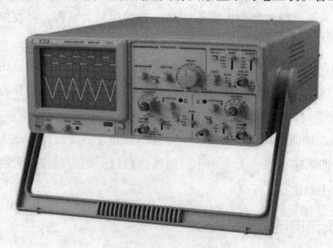

图2-8-2 示波器

其度盘上移动的指针或者数字显示来给出信号电压的测量读数。而示波器则与众不同，示波器具有屏幕，它能在屏幕上以图形的方式显示信号电压随时间的变化。

示波器根据显示信号的数量可分为：单踪示波器（只显示一个信号）、双踪示波器（可同时显示两个信号）和可同时显示多个信号的多踪示波器。在这里我们主要介绍双踪示波器的基本使用方法，其步骤如下：

（1）开启电源，指示灯显示，并调节亮度，聚焦及辅助聚焦旋钮以提高显示波形的清晰度。

（2）将输入耦合方式"地"（GND）按键按下，调节标尺亮度控制钮，使坐标玻片上刻度线的亮度适当。调整水平轴（X轴）移位和垂直轴（Y轴）移位旋钮，将光迹线（水平扫描线）调整到屏幕正中央，然后弹起"地"（GND）按键。

（3）将示波器测试线的插头端连接到 CH1 或 CH2 插口，选择显示方式：

①CH1 挡，即 CH1 通道单独工作、单踪波形显示。

②CH2 挡，即 CH2 通道单独工作、单踪波形显示。

③双踪挡，即双通道处于交替工作状态，其交替工作转换受扫描重复频率控制，从而实现双踪显示。

④叠加挡：即对双通道信号电压进行叠加，形成一个新的信号波形。

（4）将测试线探头（带挂钩端）接触示波器的标准信号端口，并借助水平轴和垂直轴微调旋钮校准示波器精度，一旦校准完成微调旋钮在测试过程中不可再人为改变，否则会严重影响测量精度。

（5）选择信号至仪器的耦合方式即"DC – GND – AC"，一般选用"DC挡"，此时能观察到输入信号的交直流分量。

（6）测量电路的信号波形时，需要将测试线的接地夹接地。

（7）将示波器测试线的探头接触测试点，一边观察波形一边调节水平轴灵敏度旋钮（时间轴）和垂直轴灵敏度旋钮（幅度轴），使示波器显示出一个到两个完整的幅度合适的波形。若波形发生横向移动，则可以调节电平旋钮进行稳定。

（8）观察波形，读取并记录波形的峰峰值（波形上下两顶点间的幅度值）和周期。其数值的读取方法十分简单，如图 2 – 8 – 3 所示，水平轴灵敏度旋钮（时间轴）和垂直轴灵敏度旋钮（幅度轴）上有许多量程，而选中量程的数值就代表了图中示波屏上每个大格的大小（每小格＝挡位数值×0.2），具体公式为：

$$峰峰值＝竖格数×垂直轴量程$$
$$周期＝一周期的横格数×水平轴量程$$

四、钳型电流表

钳形电流表也叫钳表，台湾更多的叫勾表。钳形电流表是夹住电线，在不切断电

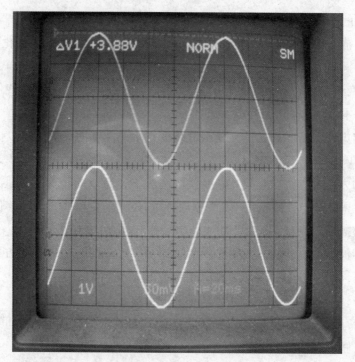

图 2 - 8 - 3　波形在示波屏的显示

路的状态下，检测电流的测试仪表。通常有指针式和数字式两种，外观如图 2 - 8 - 4 所示。

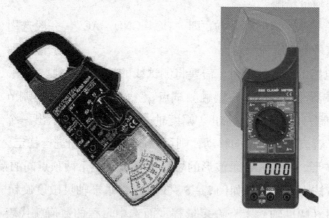

图 2 - 8 - 4　钳形电流表

模拟式指针万用表和数字万用表是切断电路检测电流，而钳形电流表只是夹在通电线的外皮上，即可检测电流。操作简单，不需要切断电路也可安全地检测大电流。

标准型钳形电流表的交直流检测范围均在 20A 到 200A 或 400A 左右，也有可以检测到 2000A 大电流的产品，另有可检测数 mA 的微小电流的漏电检测产品以及可检测变压器电源、开关转换电源等正弦波以外的非正弦波的真有效值（TRUERMS）的产品。

使用钳型电流表时，被测电路电压不得超过 500V，量程选择应从大到小，转换量程时应脱离被测电路，测量时钳口应关闭紧密且不得靠近非被测相，为了提高测量精度，测量小电流时可把被测导线在钳口多绕几匝，测得的结果为读数除以钳口内导线的匝数。

1. 使用方法

（1）测量前要机械调零。

（2）选择合适的量程，先选大，后选小量程或看铭牌值估算。

（3）当使用最小量程测量，其读数还不明显时，可将被测导线绕几匝，匝数要以钳口中央的匝数为准，则读数 = 指示值/匝数。

（4）测量时，应使被测导线处在钳口的中央，并使钳口闭合紧密，以减少误差。

（5）测量完毕，要将转换开关放在最大量程处。

2. 注意事项

（1）被测线路的电压要低于钳表的额定电压。

（2）测高压线路的电流时，要戴绝缘手套，穿绝缘鞋，站在绝缘垫上。

（3）钳口要闭合紧密，不能带电换量程。

五、兆欧表

现代生活日新月异，人们一刻也离不开电。在用电过程中就存在着用电安全问题，在电器设备中，例如电机、电缆、家用电器等。它们的正常运行之一就是其绝缘材料的绝缘程度即绝缘电阻的数值。当受热和受潮时，绝缘材料便老化，其绝缘电阻便降低，从而造成电器设备漏电或短路事故的发生。为了避免事故发生，就要求经常测量各种电器设备的绝缘电阻，判断其绝缘程度是否满足设备需要。普通电阻的测量通常有低电压下测量和高电压下测量两种方式。而绝缘电阻由于一般数值较高（一般为兆欧级），在低电压下的测量值不能反映在高电压条件下工作的真正绝缘电阻值。兆欧表也叫绝缘电阻测试仪，它是测量绝缘电阻最常用的仪表，其外观如图 2 - 8 - 5 所示。

兆欧表在测量绝缘电阻时本身就有高电压电源，这就是它与普通测电阻仪表的不同之处。兆欧表用于测量绝缘电阻既方便又可靠，但是如果操作不当，不仅将给测量带来不必要的误差，而且容易造成人身或设备事故。兆欧表的使用方法及要求如下：

（1）测量前，应将兆欧表保持水平位置，左手按住表身，右手摇动兆欧表摇柄，转速约 120r/min，指针应指向无穷大"∞"，否则说明兆欧表有故障。

（2）测量前，应切断被测电器及回路的电源，并对相关元件进行临时接地放电，

图 2 - 8 - 5　兆欧表

绝不允许设备带电进行测量，以保证人身与兆欧表的安全和测量结果准确。被测物表面要清洁，减少接触电阻，确保测量结果的正确性。

（3）测量时必须正确接线。兆欧表共有 3 个接线端（L、E、G）。测量回路对地电阻时，L 端与回路的裸露导体连接，E 端连接接地线或金属外壳；测量回路的绝缘电阻时，回路的首端与尾端分别与 L、E 连接；测量电缆的绝缘电阻时，为防止电缆表面泄漏电流对测量精度产生影响，应将电缆的屏蔽层接至 G 端。

（4）兆欧表接线柱引出的测量软线绝缘应良好，两根导线之间、导线与地之间应保持适当距离，以免影响测量精度。

（5）摇动兆欧表时，不能用手接触兆欧表的接线柱和被测回路，以防触电。

（6）摇动兆欧表后，各接线柱之间不能短接，以免损坏。

第九节　技能训练

一、元器件初识

（一）实训目的

1. 熟悉常用电子元件的外观

2. 了解各种元件在电子产品中的基本用途

3. 熟练掌握元件辨认、分类的技能

（二）实训器材

1. 电烙铁

2. 辅助工具

3. 焊料（焊锡丝）、助焊剂（松香）

4. 练习板（板上含可拆焊的元件）

5. 单孔万能板

6. 各类元件若干

（三）实训内容

1. 将练习板的元件拆解后进行分类登记

2. 将拆解下的元件按分类整齐焊接在万能板上

（四）注意事项

1. 元件注意保存

2. 分类焊接时元件排布应当横平、竖直，避免斜线安装

3. 实训过程应符合6S企业规范

（五）实训报告

1. 简述常见元件的外观特点和用途

2. 心得体会及其他

实训报告
评分

（六）实训评估

表 2 - 9 - 1　　　　　　　　　　　　　实训评估

检测项目		评分标准	分值（分）	教师评估
知识理解	元器件知识	熟悉常见元件的外形和作用	15	
操作技能	元件分类	能够对元件进行准确的分类	25	
	拆、焊练习	能够按电子电路电气规范对元件进行拆焊和焊接	30	
	安全操作	安全用电，按章操作，遵守实验室管理制度	10	
	现场管理	按 6S 企业管理体系要求，进行现场管理	10	
	实训报告	内容正确，条理清晰	10	
总　分			100	

二、R、L、C 器件检测技术

（一）实训目的

1. 熟悉电阻、电容和电感的识别方法

2. 熟练掌握用万用表检查 R、L、C 元件的方法

3. 加深万用表的使用技巧

（二）实训器材

表 2 - 9 - 2　　　　　　　　　　　　　实训器材

序　号	元器件	数　量
1	万用表	1 块
2	电阻	4 个
3	电解电容	2 个
4	瓷片电容	2 个
5	薄膜电容	2 个
6	色环电感	2 个

（三）实训内容

1. 电阻的测量

读出所给电阻的色环和标称阻值，并用万用表测量。实验数值填入表 2 - 9 - 3。

表 2 - 9 - 3   电阻测量表

色　环	标称阻值	选用量程	读　数	实测电阻值

2. 电容的检测

读出所给电容的参数,用万用表测量漏电电阻,并判断电容类型。实验数值填入表 2 - 9 - 4。

表 2 - 9 - 4   电容测量表

容　量	耐压值	选用量程	读　数	漏电电阻	类型

3. 电感的测量

读出所给电感的色环和标称电感量,并用万用表测量其电阻值。实验数值填入表 2 - 9 - 5。

表 2 - 9 - 5   电感测量表

色环	标称电感量	选用量程	读数	实测电阻值

（四）注意事项

1. 元件发放到手后应首先进行分类保管,训练结束后将元件如数交还

2. 色环电阻与色环电感在外形上非常相似,注意分辨

3. 测量电容时应注意量程的选择，并观察电容在充放电时指针的摆动

4. 实训过程应符合 6S 企业规范

（五）实训报告

1. 简述万用表检测 R、L、C 元件的方法

2. 心得体会及其他

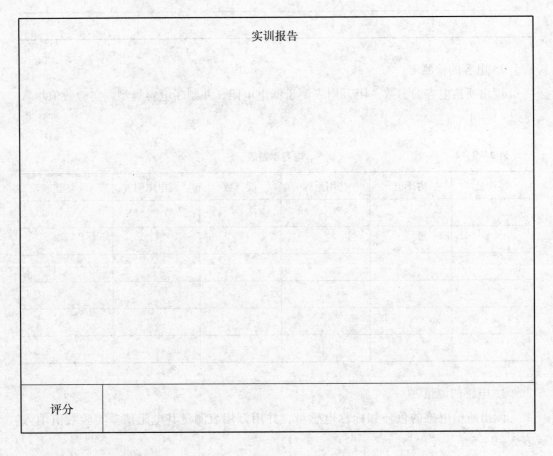

实训报告	
评分	

（六）实训评估

表 2 – 9 – 6　　　　　　　　　　实训评估

检测项目		评分标准	分值（分）	教师评估
知识理解	R、L、C 知识	熟悉色环电阻的读取方法，熟悉各类电容、电感的工作原理和识别方法	20	
	R、L、C 检测	熟悉万用表检测 R、L、C 元件的方法	20	

检测项目		评分标准	分值（分）	教师评估
操作技能	元件检测	能够读取或测量 R、L、C 元件，并判断质量好坏	30	
	安全操作	安全用电，按章操作，遵守实验室管理制度	10	
	现场管理	按 6S 企业管理体系要求，进行现场管理	10	
	实训报告	内容正确，条理清晰	10	
总 分			100	

三、半导体器件检测技术

（一）实训目的

1. 熟悉各类二极管和三极管的识别方法
2. 熟练掌握用万用表检查二极管和三极管的方法
3. 熟练掌握万用表的使用技巧

（二）实训器材

表 2 - 9 - 7　　　　　　　　　　　　　　实训器材

序号	元器件	数量
1	万用表	1 块
2	整流二极管	2 个
3	稳压二极管	2 个
4	发光二极管	2 个
5	NPN 管	1 个
6	PNP 管	1 个

（三）实训内容

1. 二极管的检测

读出所给二极管的标识，用万用表测量其正反向阻值，并判断管型。实验数值填入表 2 - 9 - 8。

表 2 – 9 – 8   二极管检测

标识	正向阻值	反向阻值	管型

2. 三极管的检测

读出所给三极管的标识，判断管型，用万用表测量 β 值、发射结和集电结的正反向阻值。实验数值填入表 2 – 9 – 9。

表 2 – 9 – 9   三极管检测

标识	管型	引脚排列顺序			β 值	发射结阻值		集电结阻值	
		1	2	3		正向	反向	正向	反向

（四）注意事项

1. 元件发放到手后应保管好，并首先进行分类，训练结束后将元件如数交还

2. 通常"×1 挡"可以点亮发光管，但不能持续点亮，否则容易烧坏发光管

3. 分辨三极管 C、E 极时应注意手捏 B、C 极的方法

4. 实训过程应符合 6S 企业规范

（五）实训报告

1. 简述半导体器件种类和检测方法

2. 心得体会及其他

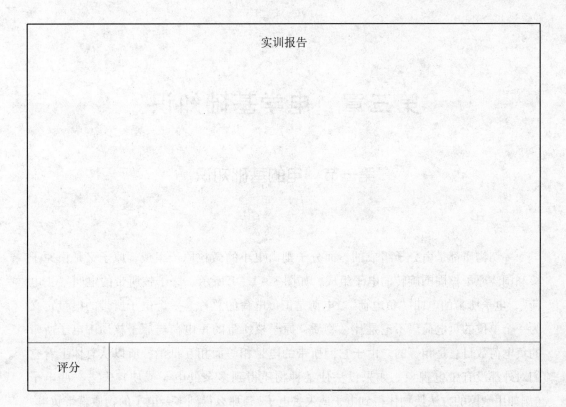

			实训报告	
评分				

（六）实训评估

表 2 - 9 - 10　　　　　　　　　　　实训评估

检测项目		评分标准	分值（分）	教师评估
知识理解	半导体知识	熟悉半导体元件的电气特性	10	
	半导体器件检测	熟悉万用表检测半导体元件的方法	10	
操作技能	半导体器件的测量	能够分辨半导体器件的类型和极性，并测量其基本参数	30	
	半导体器件的检测	能够通过万用表判断元件质量的好坏	20	
	安全操作	安全用电，按章操作，遵守实验室管理制度	10	
	现场管理	按 6S 企业管理体系要求，进行现场管理	10	
	实训报告	内容正确，条理清晰	10	
总　　分			100	

第三章　电学基础知识

第一节　电的基础知识

一、电

一切物质都是由分子组成的，而分子则由更小的微粒原子组成，原子又是由原子核和围绕原子核周围旋转的电子组成，如图 3 - 1 - 1 所示。原子核所带的电叫"正电荷"，电子所带的电叫"负电荷"。电荷是正负电荷的总称。一个电子所带的电量定义为一个单位的负电荷。不论是什么物质，原子核所带的正电荷与原子核周围电子所带的负电荷数目总是相等的。由于它们所带的电量相等而相互抵消，所以从总体上看它们对外都没有带电现象。如果设法使某种物质得到多余的电子或使它失去一些电子（例如用摩擦的方法使物体得到电子或失去电子），那么得到多余电子的物质就带负电，失去电子的物质就带正电，这就是电的来历。这一现象称为静电现象。

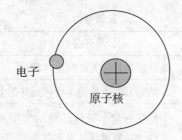

图 3 - 1 - 1　原子结构示意

物体带电荷的数量是用单位库仑来计量的。625 亿亿个电子所带的总电量就是 1 库仑。某一物体失去 625 亿亿个电子，它就带有 1 库仑的正电荷；某一物体得到了 625 亿亿个电子，它就带有 1 库仑的负电荷。

一个带正电荷的物体与一个带负电荷的物体相互靠近，或用一个导电的物体把它们连接起来，根据它们异性相吸同性相斥的特性，电子就迅速转移到带正电荷的物体上去而中和，这就是静电放电。在这种静电放电的场合，电子的传导是瞬时的。

为了使电子持续不断地传导，从而达到应用它能量的目的，人们制造了电池和发电机——使电子持续传导的电源。

二、电场

人们在实践中发现，电荷之间会相互作用，即同种电荷互相排斥，异种电荷互相吸引，如图 3 - 1 - 2 所示。

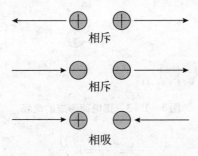

图 3 - 1 - 2　电荷相互作用示意

两个电荷之间作用力的大小与带电量以及它们之间的相互距离有关系。带电量越多，距离越近，作用力越大。法国物理学家库仑研究出真空中两个点电荷间的作用力，其关系如下：

$$F = K \frac{q_1 q_2}{r^2}$$

式中，F 为电荷间的作用力，作用力的方向在两电荷的连线方向上，它的单位是牛顿（N）；r 是两个点电荷之间的距离，单位是米（m）；q_1、q_2 分别是两个点电荷的带电量，单位是库仑（C）；K 为比例常数，数值等于 $9 \times 10^9 \mathrm{N \cdot m^2/C^2}$。

在生活中我们知道，物体间的相互作用可以是直接接触而发生，也可以是通过别的物质作媒介而发生。两个电荷在发生相互作用时，没有直接接触，因此，它们间的相互作用一定是通过别的物质作媒介而发生的。这个特殊物质就称为电场，它是摸不着看不见的东西。电荷和它周围的电场是一个统一的整体，每个电荷都有自己的电场，所以有电荷存在，它的周围就一定有电场存在。

静止电荷所产生的电场叫做静电场。电场具有两种重要表现：第一，位于电场中的任何电荷或带有电荷的物体都会受到电场的作用力；第二，电荷或带有电荷的物体在电场中受到电场力作用而移动时，电场要做功，这说明电场具有能量。

三、电场强度

电场的最基本特性是它对放入其中的电荷会产生力的作用，这种力叫做电场力。假设有一个正电荷 Q，在真空中形成电场，如图 3 - 1 - 3 所示，我们把另一个实验正电荷 q（电荷量足够小，以致不影响原电场的分布）放到电场中的 A 点，q 电荷受到电场

的作用力 F_A。设 A 点跟 Q 点的距离为 r_1，由库存仓定律得 $F_A = K \dfrac{Qq}{r_1^2}$。同理，如果把

实验电荷 q' 放入 A 点，q' 受到电场的作用力 $F'_A = K \dfrac{Qq'}{r_1^2}$。在上两式中分别除以实验电

荷，由此可以看出：

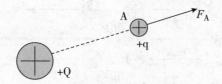

图 3 - 1 - 3　正电荷形成的电场

$$\frac{F_A}{q} = \frac{F'_A}{q'} = K \frac{Q}{r^2}$$

即放入 A 点的电荷受到的电场作用力跟它电荷量的比值，是一个跟放入该点电荷无关的常量。因而人们把放入电场中某点的电荷受到电场作用力跟它的电量的比值叫做这一点的电场强度，简称场强，用 E 表示，即：

$$E = \frac{F}{q}$$

式中，F 的单位为牛顿（N），Q 的单位为库仑（C），则 E 的单位为牛顿/库仑，符号是 N/C。

正、负电荷在电场中受力的方向相反，而我们定义场强的方向跟正电荷受力的方向相同，跟负电荷受力的方向相反。因而电场强度是矢量，即它是有大小和方向的量。如果空间中有几个电荷同时存在，这时某点的场强就等于各个电荷在该点产生场强的矢量和，如图 3 - 1 - 4 所示，P 点的场强 E 等于 Q_1 在该点产生的场强 E_1 和 Q_2 在该点

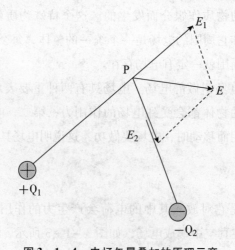

图 3 - 1 - 4　电场矢量叠加的原理示意

产生场强 E_2 的矢量和。

四、电力线

在电场中，每点电场强度都有一定的方向，为了形象地说明电场的分布情况，人们引入一个辅助概念——电力线。我们可以在电场中画出许多曲线，使这些曲线上每一点的切线方向都和该点的电场强度方向一致，这些曲线就是电力线。若该点电场强度强，则该点周围电力线就画得密些；反之，电力线就画得疏些。

图 3-1-5 是一条电力线，它上面 A、B 点的场强 E_A、E_B 分别在通过该点的切线上，方向如图中箭头所示。

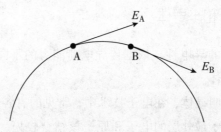

图 3-1-5 电力线上各点的场强方向

图 3-1-6（a）画出了单个正、负点电荷的电力线，图 3-1-6（b）画出了两个等量点电荷的电力线。

（a） （b）

图 3-1-6 带电电荷电力线

由上述电力线可知，在静电场中，电力线总是从正电荷出发，终止于负电荷且任何两条电力线都不会相交。

五、均匀电场

若在电场的某一区域内，各点电场强度的大小和方向都相同，这个区域的电场就称为均匀电场。如图 3-1-7 所示，两块互相靠近、大小相等、互相正对并且互相平行的金属板，若它们分别带等量的正、负电荷，它们之间的电场除边缘附近外，就是均匀电场。

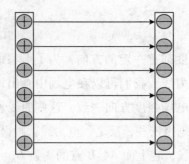

图 3 - 1 - 7　带电平行板间的电力线

六、导体、绝缘体和半导体

不同的物质具有不同的导电性，依据传导电荷能力的不同，人们将它们分为三大类：导体、绝缘体和半导体。

导电性能良好的物体叫导体，在电子技术中，常见的有各类金属导体，如银、铜、铝、铁等。在导体中，原子最外层的电子和原子核结合较松，容易脱离原子核的引力范围，在金属原子之间自由移动，这些电子叫做自由电子。

金属导体中有大量的自由电子，例如铜每立方厘米约包含 8×10^{22} 个自由电子。因此，当金属导体受到电场力的作用时，自由电子就会在电场力的作用下逆着电场方向移动形成电流，这就是导体能导电的原因。

不能传导电荷的物体叫绝缘体（或电介质）。常用的绝缘体有云母、陶瓷、塑料等。

在绝缘体的原子中，所有外层电子与原子核结合较紧密，在一般情况下，这些电子不能脱离原子核的引力范围而成为自由电子，这就是绝缘体不导电的原因。但在强电场的作用下，电场力将有可能使绝缘体外层电子脱离原子核的束缚而成为自由电子。若这一现象发生，绝缘体将变成导体，这时该绝缘体我们称它已电击穿，即失去不导电的性质。因此，在电子电路中，使用包含绝缘体材料的器件都必须保证器件内部的电场力不导致绝缘体内部电击穿发生。

导电性能介于导体与绝缘体之间的物质叫半导体。半导体内自由电子的数目介于导体与绝缘体之间，在电子线路中常见的半导体有锗、硅等。半导体有许多特殊的性质，如半导体内自由电子的数目受光和热的影响较大，有的半导体具有单方向导电性能，利用半导体这些性质，人们制造出各种用途的半导体器件。

第二节 电与电路常识

一、电位、电压和电动势

1. 电位

同一物体带的正电荷越多，电位就越高，带的负电荷越多电位就越低。为了比较物体电位的高低，常以大地为参考点规定它为零电位，好像测量地面海拔高度时规定海平面高度等于零一样。因此，带正电荷的物体其电位比大地高，带负电荷的物体其电位比大地低。在电场力的作用下，正电荷会从电位高的物体流向电位低的物体；而负电荷的移动方向则恰好与正电荷相反，它是从电位低的地方流向电位高的地方。

2. 电压

在电气设备维修过程中，为了判断故障部位或故障元件，经常要测量电路中的电压等。什么是电压呢？我们先拿水来打比方，水是从高处流向低处，这两个不同的水位之差叫做水位差。同样，正电荷也是从高电位的物体流向低电位的物体，这两个物体（或称这两点）之间的电位之差称作为"电压"，用字母 U 表示。

电压以伏特为单位，简称"伏"，用字母 V 表示，在测量中若觉得伏这个单位太大，也可采用毫伏（mV）或微伏（μV）为单位，它们的关系是：

$$1 \text{ 伏特（V）} = 1000 \text{ 毫伏（mV）}$$
$$1 \text{ 毫伏（mV）} = 1000 \text{ 微伏（μV）}$$

电压是描述两物体或两点之间的电位之差。若某电路 A、B 两点的电压为 2V，A 点为高电位点，B 点为低电位点，那么我们可以用两种方法来表示上述的电压关系：以 B 点为参考点，A 测量点（高电位点）相对 B 点（低电位点）的电压为 2V，记作 $U_{AB} = 2V$，以 A 点为参考点，B 点相对 A 点的电压为 $-2V$，记作 $U_{BA} = -2V$。因此，电压值出现正负号的原因是选择参考点不同。通常，电压符号右下角标最右边的字母规定为参考点，与它相邻的左边字母为测量点。所以，若电压值出现正值，则说明测量点的电位比参考点电位高；反之测量点的电位比参考点的电位低。若电压符号右下角标只有一个字母，则其参考点是电路中的地（以符号 ⏚ 表示）。图 3-2-1 为某收音机的低频前置放大器，在图中 $U_b = 1.25V$ 表示以 G（电路中的地）为参考点，b 点对 G 点的单位为正的 1.25V。由于电压符号是正的，所以它还同时表示 b 点的电位比 G 点电位高，这一点对看电路图分析电路是十分重要的，初学者一定要掌握。再者，不同点的电压必须在相同电压参考点的条件下才能进行大小比较，这一点也应特别注意。例如在图 3-2-1 中，$U_b = 1.25V$，$U_e = 0.6V$，因为 b、e 点的电压值都是以电路中的地为参考点，所以它们的电压值大小可以进行比较，比较得 b 点电压比 e 点电压高 0.65V，即 $U_{be}=0.65V$。

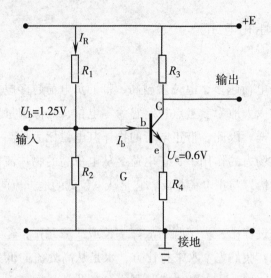

图 3-2-1 如何描述两点间电位差的原理示意

电压可分为直流电压和交流电压两种。直流电压通常用"DC"表示，这种电压的方向不随时间变化。在无线电技术中常用波形直观地表示电路中电压随时间变化的规律，在波形图中纵轴表示电压，横轴表示时间。若电压大小和方向都不随时间变化，则称之为稳定直流电压，以波形表示为一条与横轴平行的直线，如图 3-2-2（a）所示。日常用的干电池和蓄电池所提供的电压即为稳定直流电压。若电压值的大小随时间而发生变化，则称之为不稳定直流电压，如图 3-2-2（c）所示。如图 3-2-2（c）中的电压值大小变化很有规律，像脉搏跳动一样，因此，常被称为脉动直流电压，脉动直流电压是不稳定直流电压的一种。

交流电压通常用"AC"表示，这种电压与不稳定直流电压的最大区别是电压的方向每隔一定时间改变一次，如图 3-2-2（b）所示。例如，电力网向用户提供的照明用电即为交流电，它每秒钟电压的方向变化 50 次（图中，若 T_1 时刻的电压方向规定为正方向，则 T_2 时刻的电压即为负方向），称 50 赫兹交流电。

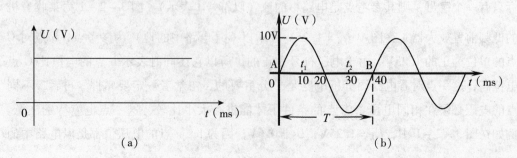

（a）　　　　　　　　　　　　　　（b）

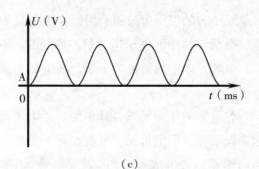

（c）

图 3 - 2 - 2 用波形表示交直流电压

3. 电动势和电源

水在水管中流动是由于水位差的存在。同样，在电路中要维持导体中电荷的流动就必须维持导体两端的电位差。维持导体两端一定电位差（电压）的能力大小叫电动势，用字母 E 表示。具有电动势的装置叫电源，常用的电源有干电池、蓄电池和发电机。电动势 E 和电压 U 的单位一样，都是伏特。但电压是电路两点间存在的电位差，而电动势是电源内部所具有把电子从电源的一端（正极）搬运到另一端（负极）建立并维持电位差的能力，即保持电场在电路中作用的能力，两者是有区别的。

电压和电动势本身并不产生电子，它们像"电泵"一样，只是迫使电子流动的原动力。正如水泵并不产生水，只是迫使水流动的原动力一样。如图 3 - 2 - 3 所示。

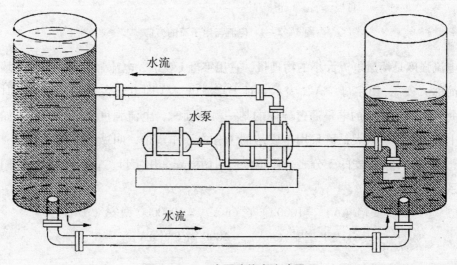

图 3 - 2 - 3 水泵迫使水流动原理

二、电流

物体里电子有秩序地朝一个方向移动就形成了"电流"。在金属中，原子里的最外

— 85 —

层电子离原子核最远，受原子核的吸引力最弱，因而将脱离原子而形成"自由电子"。在没有电场力的作用下，金属导体中的电子运动是不规则的，不能形成电流。但如果把金属导体接在电源上，金属导体中的自由电子就会在电场力的作用下朝一个方向移动而形成电流。

如图3-2-4所示，在电源的作用下铜导体中的自由电子朝一个方向移动，导体中就形成电流，小灯泡立即发光。由图可见，电流实际上是电子有秩序地移动而形成的（即从电源的负极流向正极）。它的流动方向应该是电子有序的运动的方向，但沿用前人长期习惯的概念，规定的电流方向为正电荷流动的方向，恰好与电子流动方向相反，如图3-2-4所示。在本书中提到的电流方向都是从正极到负极，只有特别指明电子流向时，才是指从负极到正极。

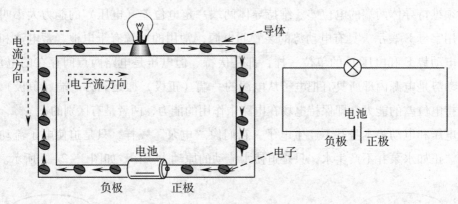

图3-2-4　电流与电子流的方向

电流强度是衡量电流大小的物理量，它用字母I表示，电流强度的大小以安培为单位，简称"安"，用字母"A"表示。对于直流电流（即电流大小和方向不随时间变化）每秒钟有1库仑的电量通过导体的某一横截面时，电流强度定义为1安。如果在实用上安培的单位太大，可采用1安培的千分之一作单位，叫做毫安，用字母"mA"表示；有时又用1毫安的千分之一作单位，叫做微安，用字母"μA"表示。它们之间的关系是：

$$1\text{ 安培（A）} = 1000\text{ 毫安（mA）} = 1000000\text{ 微安（μA）}$$
$$1\text{ 毫安（mA）} = 1000\text{ 微安（μA）}$$

三、电阻

在水位差的作用下，水流过管子时要受到阻力。管子短些、粗些，阻力就小些；反之亦然。同样，物体内的电子在电压的迫使下有秩序地流动时也会受到阻力，它是原子核对电子的吸引力以及电子与物体中的分子互相碰撞等产生的。这种阻力称为电阻，用符号"R"表示，单位是欧姆，简称"欧"，用符号"Ω"表示。电路符号如图3-2-5所示。为计算和书写方便常以千欧（kΩ）、兆欧（MΩ）为单位，它们与欧姆的关系为：

$$1 \text{ 兆欧（MΩ）} = 1000 \text{ 千欧（kΩ）} = 1000000 \text{ 欧（Ω）}$$
$$1 \text{ 千欧（kΩ）} = 1000 \text{ 欧（Ω）}$$

图3-2-5　电阻符号

四、电路

所谓电路就是电流流通的路径。要使电流在电路中流动，就必须有产生电流的电源、消耗电能的设备（负载）以及连接导线。因此，一个最简单的电路一定包含有电源、负载和连接导线这三个基本部分。电源是将其他形式的能量转换为电能的装置，起着维持电路中电流的作用。负载是把电能转换为其他形式能量的装置。例如电流流过灯泡，灯泡发亮、发热，把电能转换成光能和热能。连接导线用来输送和分配电能。在电子线路中最常用的导线有铜线和印刷电路板中的铜箔。下面以图3-2-6说明电路中通路（或称闭合回路）、断路（或称开路）、短路三种情况。

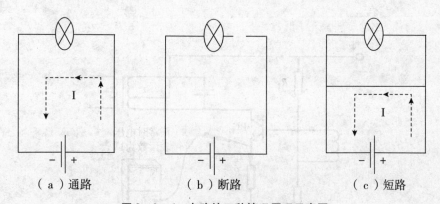

（a）通路　　　　　　（b）断路　　　　　　（c）短路

图3-2-6　电路的三种情况原理示意图

1. 通路

如图3-2-6（a）所示，在电路中有电流通过电灯时，电灯发亮。

2. 断路

如图3-2-6（b）所示，在电路中没有电流通过电灯，电灯不亮。

3. 短路

如图3-2-6（c）所示，在电路中电流几乎不通过负载（电灯）而直接由电源的一端通过导线到另一端，这时流经导线的电流比正常时大许多倍。由于电流很大，它可能导致电路中其他器件的损坏，因此，初学者要特别注意防止电路短路。

第三节 部分电路欧姆定律

部分电路的欧姆定律是确定电路中通电导体的电压、电流和电阻三者之间关系的定律，它的数学表示式为：

$$\text{电流（I）} = \frac{\text{电压（V）}}{\text{电阻（Ω）}}$$

在这一关系式中，电压值为电阻两端的电压，它的单位是伏特。电流值为流经该电阻的电流，它的单位是安培。与它们对应的电阻的单位是欧姆。

在电路中，只要知道某一段电阻电路的电压、电阻和流经该支路电流这三个量中任意两个量，利用欧姆定律就可求出第三个未知量。在检修过程中，可以利用这一定律判断电路中的故障元件：根据实际电路已给定的两个量，求出第三个量的数值，然后将该数值与电路中实际测量的量（用万用表测量）相比较。若实际测量的与计算值不符，则说明电路中存在故障元件。

【例】如图 3 - 3 - 1 所示电路，$R_3 = 1\text{k}\Omega$，$I_E = 1\text{mA}$，求这个电阻两端的电压是多少伏？

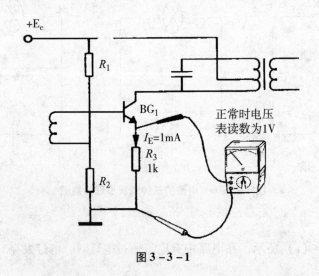

图 3 - 3 - 1

解：首先统一计算单位：

$$1\text{k}\Omega = 1000\Omega$$

$$1\text{mA} = 0.001\text{A}$$

根据欧姆定律

$$I = \frac{U}{R}$$

$$U = R_3 \times I_E = 1000 \times 0.001 = 1 \quad (\text{V})$$

答：电阻 R_3 两端的电压为1V。

如图 3 - 3 - 1 所示，若实际测量的电压值与上述计算值不符，则故障元件可能是电阻 R_3 不良或 BG_1（三极管）工作不正常。继续用万用表测量 R_3 的电阻值，即可判断出是 R_3 不良还是 BG_1 工作不正常。

第四节　电阻的串联与并联

在电路中，为了实现某种功能，如向某个器件（如晶体三极管）提供正常的工作偏置（工作电流和电压），就需用一些电阻按不同的需要、不同的方式连接起来。其中最基本的、应用最广泛的连接方法是串联和并联。

一、电阻的串联

把电阻一个接一个地依次连接起来，就组成串联电路。如图 3 - 4 - 1 所示，它是两个电阻 R_1、R_2 组成的串联电路。串联电路的基本特点是：第一，电路中各处的电流强度相等；第二，电路两端的总电压等于各电阻两端电压的和。

由图 3 - 4 - 1 可知：

$$I = I_1 = I_2$$
$$U = U_1 + U_2$$

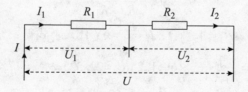

图 3 - 4 - 1　电阻的串联

从上述这两个基本特点出发，可得到下面几个串联电路的重要性质。

1. 串联电路的总电阻

用 R 代表串联电路的总电阻，I 代表电流强度。根据欧姆定律，在图 3 - 4 - 1 中，$U = IR$

$$U_1 = I_1 R_1, \quad U_2 = I_2 R_2$$

代入 $U = U_1 + U_2$。因为 $I = I_1 = I_2$，所以得：

$$R = R_1 + R_2$$

用同样的方法可以求得 n（n 是任意的自然数）个电阻串联时的总电阻为：

$$R = R_1 + R_2 + \cdots + R_n$$

这就是说，串联电路的总电阻等于各电阻之和。因此，在维修家用电器过程中，若一时缺某一阻值的电阻，可利用小于该电阻阻值的若干个电阻串联来获得。

2. 串联电路的分压原理

如图 3 – 4 – 1，R_1 与 R_2 相串联，总电阻 $R = R_1 + R_2$。流经 R_1、R_2 的电流为：

$$I = \frac{U}{R} = \frac{U}{R_1 + R_2} = \frac{U_1}{R_1} = \frac{U_2}{R_2}$$

则 R_1、R_2 两端的电压分别为：

$$U_1 = \frac{R_1}{R_1 + R_2}U \quad U_2 = \frac{R_2}{R_1 + R_2}U$$

上式中 $\dfrac{R_1}{R_1 + R_2}$、$\dfrac{R_2}{R_1 + R_2}$ 称分压系数，串联电阻各自产生一定降电压的作用叫做分压作用，作这种用途的电阻叫做分压电阻。在电子线路中，常常应用串联电阻来达到限流、分压和降压的目的。

【例】如图 3 – 2 – 1 所示的电路，已知 $I_R \geqslant I_b$，$R_2 = 4.7\text{k}\Omega$，$E = 6\text{V}$，为了提供晶体三极管正常的偏置即 $U_b = 1.25\text{V}$，R_1 应该取多大?

解：$I_R \geqslant I_b$，因而可忽略 I_b 对 I_R 的分流作用（分流作用将在"电阻的并联"一节中论述），R_1 和 R_2 就可看成是两个电阻相串联组成的分压器。由串联电路的分压原理得：

$$U_2 = \frac{R_2}{R_1 + R_2}U$$

而 $U_2 = U_b = 1.25\text{V}$，$R_2 = 4.7\text{k}\Omega$，$U = E = 6\text{V}$ 代入上式得：

$$1.25 = \frac{4.7}{R_1 + 4.7} \times 6 \Rightarrow 1.25R_1 = 22.325 \Rightarrow R_1 = 17.86\text{k}\Omega$$

答：R_1 的电阻值应取 $17.86\text{k}\Omega$。由于商品电阻没有 $17.86\text{k}\Omega$ 的标称电阻，所以取用 $18\text{k}\Omega$ 的电阻。

二、电阻的并联

把几个电阻并列地连接起来，就组成了并联电路。图 3 – 4 – 2 是由二个电阻 R_1、R_2 组成的并联电路。并联电路的基本特点是：第一，电路中各支路两端的电压相等；第二，电路的总电流强度等于各支路的电流强度之和。由图 3 – 4 – 2 可得：

$$U = U_1 = U_2$$

$$I = I_1 + I_2$$

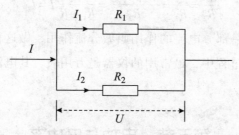

图 3 - 4 - 2 电阻的并联

从上述两个基本特点出发,可得到并联电路的几个重要性质。

1. 并联电路的总电阻

用 R 代表并联电路的总电阻,U 代表电压,根据欧姆定律,在图 3 - 4 - 2 中,

$$I = \frac{U}{R} \quad , \quad I_1 = \frac{U_1}{R_1} \quad , \quad I_2 = \frac{U_2}{R_2}$$

将上式代入 $I = I_1 + I_2$ 得:

$$\frac{U}{R} = \frac{U_1}{R_1} + \frac{U_2}{R_2}$$

因为 $U = U_1 = U_2$,所以等式两边同除以 U 得:

$$\frac{1}{R} = \frac{1}{R_1} + \frac{1}{R_2}$$

同理,如果有 n 个电阻并联,则有:

$$\frac{1}{R} = \frac{1}{R_1} + \frac{1}{R_2} + \cdots + \frac{1}{R_n}$$

上式表明,并联电路总电阻的倒数,等于各个电阻的倒数之和。

2. 并联电路的分流原理

如图 3 - 4 - 2 所示,由 $\frac{1}{R} = \frac{1}{R_1} + \frac{1}{R_2}$ 整理得:

$$R = \frac{R_1 R_2}{R_1 + R_2}$$

又 $\quad U = IR = R = \frac{R_1 R_2}{R_1 + R_2}$,$U = U_1 = U_2$

将上式两边同除以 R_1 得:

$$\frac{U}{R_1} = \frac{U_1}{R_1} = \frac{I \dfrac{R_1 R_2}{R_1 + R_2}}{R_1} = \frac{R_2}{R_1 + R_2} I = I_1$$

再同除以 R_2 得：

$$\frac{U}{R_2} = \frac{U_2}{R_2} = \frac{I\dfrac{R_1 R_2}{R_1 + R_2}}{R_2} = \frac{R_1}{R_1 + R_2}I = I_2$$

并联电阻可以承担一部分电流的作用叫做分流作用，做这种用途的电阻称为分流电阻。在修理家用电器过程中，最常用的仪器是万用表，其电流挡的量程扩展就是采用并联电阻的分流原理。

第五节　电功与电功率

如图 3-2-4 所示，电流通过小灯泡，小灯泡发亮。同样，电流通过电炉丝，电炉丝就发热；电流通过电动机能使电动机转动；音频电流通过喇叭，喇叭就能发声。由此可见，电能可以转换成光能、热能、声能、机械能等其他形式的能量。电流通过上述这些装置（通常称为负载）时产生的光能、热能、声能和机械能的作用叫电流做功，这个功简称电功。显然我们需要的不是电流本身，而是电流所做的功。在 1 秒钟内电流所做的电功叫"电功率"。因此电功率是反映电流在单位时间内做功的本领，它用字母 P 表示，单位是瓦特（W）。若 1 伏特电压使 1 安培的电流通过负载，电流所做的电功率规定为 1 瓦特。因此，电功率的计算公式为：

电功率（P）＝电压（U）×电流（I）

上式中，电压为负载两端的电压，单位为伏特；电流为流经该负载的电流，单位为安培。这时，电流对负载所做的电功率单位为瓦特。

在应用中，若用瓦特单位太小，可用千瓦做单位，用字母 kW 表示。若用瓦特单位太大，可用毫瓦做单位，用字母 mW 表示。它们之间的关系为：

$$1\text{kW} = 1000\text{W} \quad 1\text{W} = 1000\text{mW}$$

第六节　阻抗匹配

任何一个电源（或信号源）都有一定的电源内阻（或信号源输出电阻）。如图 3-6-1 所示，设电源电压 $E = 9\text{V}$，电源内阻 $r = 4\Omega$，分析在下列三种情况负载电阻 R 所获得的电功率（即电源输出功率）。

1. 负载电阻 $R = 6\Omega$，即 $R > r$
2. 负载电阻 $R = 4\Omega$，即 $R = r$
3. 负载电阻 $R = 2\Omega$，即 $R < r$

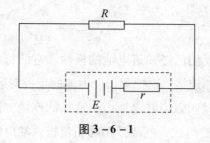

图 3 – 6 – 1

对于第 1 种情况，首先计算回路的总电阻 $R_总$：

$$R_总 = R + r = 6 + 4 = 10\Omega$$

再根据欧姆定律求回路总电流 I：

$$I = \frac{E}{R_总} = \frac{9}{10} = 0.9A$$

所以负载电阻 R 获得的电功率 P 为：

$$P = IU = I^2 \cdot R = 0.9^2 \times 6 = 0.81 \times 6 = 4.86W$$

按以上方法计算出第 2、第 3 两种情况并将以上计算结果列表 3 – 6 – 1。

表 3 – 6 – 1　　　　　负载电阻阻值 R 与其获得的电功率 P 的关系

电源电压 E = 9V，电源内阻 r = 4Ω		
负载电阻（R）	R = 2Ω，即 R < r	R = 4Ω，即 R = r	R = 6Ω，即 R > r
负载功率（P）	4.5W	5.06W	4.86W

由表 3 – 6 – 1 可以看出，只有当负载电阻等于电源内阻时，负载电阻上才能获得最大功率（5.06W）；当负载电阻大于或小于电源内阻时，负载电阻获得的电功率都降低。由此可见，在一定的内阻和一定的电源电压下，信号源最大输出功率是一定的，负载从信号源里获得功率的大小是由负载电阻的大小决定的。当负载电阻等于电源内阻时，该状态称作"阻抗匹配"。这时，负载上获得的电功率最大。

阻抗匹配的基本原理我们是从直流电路导出的，理论上可推得它同样适用于交流电路。

第七节　电池的连接

在实际工作中，单个电源的电动势和额定电流有时不能满足设备的需要，这时可以按照不同要求，把几个单个电源连接起来，形成电池组，一般连接的方法有串联和并联。

一、电池的串联

如图 3 - 7 - 1 所示，我们已经知道电池的极性和它的符号表示。把第一个电池的正极与第二个电池的负极相连接，再把第二个电池的正极与第三个电池的负极相连接，像这样连接组成的电池组就叫做串联电池组，这样的连接方法叫做串联。串联电池组是由 n 个电动势为 E 的电池组成，电池开路时正负极两端电压等于电源的电动势，串联电池组的总电动势 $E_串$ 等于各单个电池电动势之和，即：

$$E_串 = E_1 + E_2 + \cdots + E_n = nE$$

当电池组接入电路后，电路中的总电流要依次通过每个电池，这时，电池组放电电流不能超过单个电池中最大额定放电电流（在实际使用时，短时间放电电流略超过额定放电电流也是允许的，但不要超过额定值太多，否则会缩短电池的使用寿命）。串联电池组通常被用作收音机、录音机的电源。

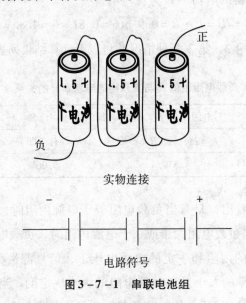

实物连接

电路符号

图 3 - 7 - 1 串联电池组

【例】某收音机工作电压是 4.5V，问由几个干电池（1.5V）相串联组成供电电源？

解：根据 $E_串 = nE$ 得：

$$n = \frac{E_串}{E} = \frac{4.5}{1.5} = 3 \ （只）$$

答：可选用 3 只干电池相串联后作为该收音机的供电电源。

二、电池的并联

把电动势相同的电池的正极和正极相连接，负极和负极相连接，如图 3 - 7 - 2 所示。这样接成的电池组叫做并联电池组，其连接方法叫做并联。由于并联电池组正负极之间的电位差等于每个电池正负极间的电位差，所以它们开路时正负极间的电位差等于单个电池的电动势，即并联电动势 $E_{并}$ 满足：

$$E_{并} = E_1 = E_2 = E_3$$

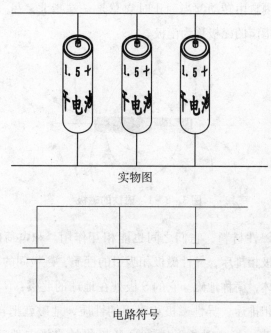

实物图

电路符号

图 3 – 7 – 2　并联的电池组

采用电池并联供电时，电池组所放出的电流是由各个电池分担提供。因此，并联电池组的额定电流为各个电池额定电流之和。在并联电池组中，要求各个电池的电动势应该相等，否则电动势大的电池将对电动势小的电池放电，在电池组内形成一个回路，损耗电能。同时各电池的内阻最好一样，否则内阻小的放电电流过大。

第八节　电和磁

一、磁场的基本知识

（一）磁体和磁化

某些物体能吸引铁、钴、镍这些物质，这类物体称为磁体，这种特性叫磁性。而铁、钴这类能被吸引的物质则称为磁性材料（或称磁导体）。使原来不带磁性的物体具有磁性，这一过程叫磁化。磁体有天然的（如磁铁矿石），叫天然磁铁；有磁化而成的，叫人造磁铁。在电子设备中通常使用的都是人造磁铁，如在电声转换器件（喇叭、话筒）中所用的磁铁。

（二）磁极

如图 3 - 8 - 1 所示，磁铁的磁性中间部分弱，靠近两端处最强，这两端称为磁极。其中一端称为南极（S 极），另一端称为北极（N 极）。如果将条形磁铁的中心用线挂起来，使它能在平面内自由转动，当静止时它总是一端指北，另一端指南。我们把指北的磁极称为北极，指南的磁极称为南极。

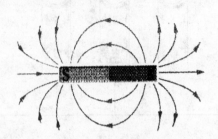

图 3 - 8 - 1　磁铁的磁极

磁极不但能吸引磁性材料，它们之间也能相互作用。和电荷间的相互作用相似，磁极间也具有同性磁极相排斥、异性磁极相吸引的性质，磁极间的相互作用力叫磁力。

地球是一个大磁体，简称地磁。它的 S 极处在地球的北极，N 极处在地球的南极。根据磁极间同性磁极相排斥、异性磁极相吸引的性质，地磁就把自由转动的条形磁铁吸引到南北极方向上来，静止时条形磁铁的 N 极将始终指向地球的北极（地磁的 S 极），条形磁体的 S 极将始终指向地球的南极（地磁的 N 极），这就是条形磁铁 S 极静止时指南的道理。若条形磁铁换成针形磁铁则这一装置即为指南针。

若将条形磁铁任意分成无穷多个小磁体，所得的每个小磁体仍有两个极，这说明磁铁的南北极是相互存在的一个整体，不可分割。而正负电荷可以单独存在，这是磁和电的不同之处。

（三）磁场

磁极间的相互作用是通过磁场传递的，有磁极存在就有磁场存在。磁场和电场相似是一种特殊物质，它具有力和能的特性。

为了形象地表示磁场，人们引入磁力线这个概念。所谓磁力线，就是在磁场中画许多曲线，使曲线上每一点的切线方向和放在该点的小条形磁铁（或称小磁针）北极所指的方向一致，如图 3 - 8 - 2 所示。小磁针北极所指的方向规定为该点的磁场方向。用磁力线的疏密程度表示磁场的强弱，磁场强的地方，磁力线就密，反之就疏一些，如图 3 - 8 - 3 所示。根据图 3 - 8 - 3 可知，磁力线有下列特点：

（1）在磁铁的外部，磁力线的方向是从 N 极出发，经外面空间到达 S 极，而在磁铁的内部则由 S 极回到 N 极,形成一闭合曲线。

(2)磁力线互不相交,这是因为小磁针在磁场中各点上只能有一个确定的方向。

(3)在磁场附近,磁力线最密(磁场最强);在磁铁中间部分,磁力线较稀(磁场较弱)。

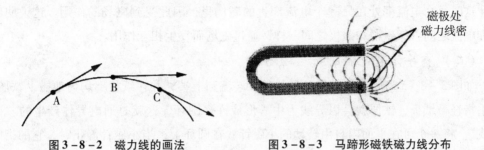

图 3-8-2　磁力线的画法　　　图 3-8-3　马蹄形磁铁磁力线分布

(四)磁通与磁通密度

通过垂直于磁场方向的某一截面积 S 的磁力线数叫做通过该面积的磁通量,用字母"Φ"表示,它的单位是"韦伯",简称"韦",用"Wb"表示。

在单位面积里通过的磁力线数越多,该处的磁场强度越强。因此,单位面积的磁通量是衡量磁场强弱的物理量,我们称它为磁通密度或磁感应强度。它定义为通过与磁场方向垂直的单位面积的磁通量,用字母"B"表示,即:

$$B = \frac{\Phi}{S}$$

当磁通的单位用韦,截面积 S 的单位用平方米,则磁通密度的单位为"特斯拉",简称"特",用符号"T"表示,即 $1T = 1Wb/m^2$。

二、电流的磁场

(一)磁铁并不是磁场的唯一来源

如图 3-8-4 所示,把一条导线平行地放在磁针的上方,当给导线通电流时,磁

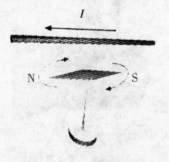

图 3-8-4　电能生磁

针就会发生偏转。这一实验证明不仅磁体能产生磁场，电流也能产生磁场，电流的磁场和磁体的磁场一样都具有磁场力。这说明电和磁有着密切的联系，即电能生磁。

实验还证明：电流和电流之间也会通过磁场发生相互作用。例如两条平行的直导线，当通过相同方向的电流时，它们相互吸引，当通以相反方向的电流时，它们相互排斥。这时每个电流都处在另一个电流产生的磁场里，因此受到磁场的作用。这说明电流和电流之间就像磁极和磁极之间一样，通过磁场而发生相互作用。

（二）直导体通电流时产生磁场

如图3-8-5所示，让电流从导体的下端流到上端，并在纸板上均匀地撒上铁屑，用手指轻敲纸板，铁屑就会以导线为中心形成许多圆环，这就是通电导体产生的"磁力线"。将一个可在平面内自由转动的小磁针放在圆环上，当小磁针静止时，它的指向就停止在圆环的切线方向上。如果把纸板沿导线上下移动，便可观察到磁力线的形状和方向均不改变，这说明导线各截面的磁场是相同的；如果改变电流的流向，使电流从导体的上端流向下端，那就可以看到磁力线的形状不变，但小磁针北极所指的方向和以前相反，这说明磁场的方向发生了变化。

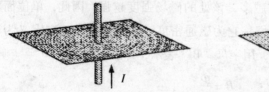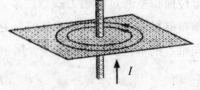

图3-8-5　直线电流磁场

上述实验说明通电导体产生磁场是以导线为中心的同心圆，磁场的方向与电流方向有关，它们之间的关系可以用右手定则判定，方法是：用右手握住导线，大拇指伸直并指向电流的方向，其余四指的方向就是磁场的方向，如图3-8-6所示。

图3-8-6　通电直导体

（三）螺线管的磁场

磁场方向的判定：把导线绕在一个空心的圆柱上就构成一个螺线管线圈。当螺线管线圈通电流时就会产生磁场，它的磁力线很像是一根条形磁铁形成的，线圈的一端相当于北极，另一端相当于南极。通电螺线管电流方向和磁场的方向关系也可以用右手定则判定，其方法是：用右手握住线圈，四指指向电流的方向，则伸直的大拇指所指方向就是线圈内部的磁场方向，如图 3-8-7 所示。因此，若已知磁场的方向用右手定则即可确定电流的方向。

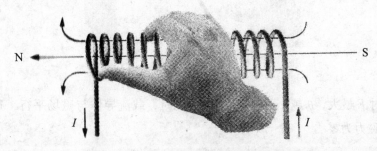

图 3-8-7　通电螺线管磁场方向的判定

通电线圈产生磁场的强弱，与电流的大小和线圈匝数成正比，还与线圈中的媒质（空气或是磁性材料）及绕线密度有关。

三、磁场对电流的作用力

（一）磁场对载流导体的作用力

通有电流的导体称为载流导体，载流导体周围存在着磁场，如果把载流导体放到磁场中，两磁场就会相互作用，使导体受到一个力的作用，该力称作电磁力。电磁力的方向与磁场方向、电流方向有关，其关系可用左手定则判定，方法是：伸开左手掌，四指并拢，拇指与四指垂直并在同一个平面内，然后将手掌置于磁场中，让磁力线穿过手心，四指指向电流的方向，那么大拇指所指的方向就是导体受力的方向，如图 3-8-8所示。

对于垂直于磁场方向的载流导体，受力的大小可由下列公式计算

$$F = BIL$$

式中，F 为电磁力，单位是牛顿（N）；B 为磁感应强度，单位是特（T）；L 为导体在磁场中长度，单位是米（m）。

如果载流导体不是垂直于磁场方向而是与磁场方向有一个夹角，如图 3-8-9 所示，则

$$F = BIL\sin\theta$$

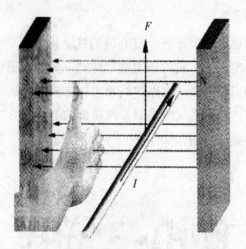

图 3 - 8 - 8　左手定则

$\theta = 90°$ 时 F 最大，θ 越小，F 越小。$\theta = 0°$ 时，载流导体与磁场平行，这时载流导体所受的电磁力为零。

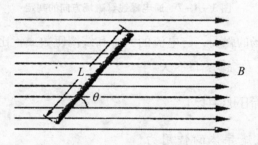

图 3 - 8 - 9　磁场载流导体的作用

(二) 磁场对运动电荷的作用力

磁场对载流导体有作用力，而电流是电荷运动产生的，实验可以证明，电磁力是直接作用在运动电荷上的。这说明载流导体所受的电磁力，实质是运动电荷上所受力的宏观表现。

磁场对运动电荷的作用力叫洛仑兹力。当电荷在垂直于磁场方向上运动时，洛仑兹力 F 等于电荷的电量 q、电荷运动速度 v 和电荷所在处的磁感应强度 B 三者的乘积，即：

$$F = qvB$$

式中，F 单位为 N，q 的单位为 Q，v 的单位是 m/s，B 的单位是 T。

图 3 - 8 - 10 是黑白电视机中的显像管结构简图。它有一个能发射电子的阴极。在显像管管径上套有两对线圈，其中，一对线圈当有电流通过时能产生水平方向的磁场，因此称它为垂直偏转线圈，另一对通电时产生垂直方向的磁场，称它为水平偏转线圈。

当分别送频率为 15625Hz 线性变化的锯齿波电压给水平偏转线圈和频率为 50Hz 线性变化的锯齿波电压给垂直偏转线圈时，偏转线圈将同时产生水平与垂直变化的线性磁场，这时来自阴极的电子束将同时受到水平与垂直方向的洛仑兹力而发生偏转。可以算出每 20ms 电子束扫过一次荧光屏。由于电子束的强弱是受电视图像信号控制的，因此，不同强弱的电子束轰击到荧光屏上将产生明暗不同的亮点。这些亮点叫做像素，它们是按图像原来的位置排列的，这样荧光屏上就重现原来的图像，这就是黑白电视机重现图像的简单原理。当然要重现完整的画面还需要有严格的水平与垂直同步信号。

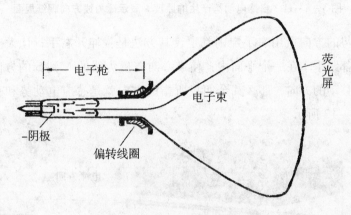

图 3 - 8 - 10　显像管结构简图

四、电磁感应

（一）电磁感应现象

前面讲了电可以生磁，那么磁是否可以生电呢？英国科学家法拉第发现，当导体相对于磁场运动而切割磁力线或线圈中的磁通发生变化时，在导体或线圈是闭合回路的一部分，则导体或线圈中将产生感应电流。这种现象称作电磁感应现象。

（二）直导体产生的感应电动势

要使磁生电，必须满足下列条件：导体在磁场中要作切割磁力线运动。由于导体中存在着大量的自由电子，当导体在磁场中切割磁力线时，导体内的自由电子将以同样的速度在磁场中运动，这些自由电子将在洛仑兹力的作用下，沿导线运动，如图 3 - 8 - 11 所示。这样在导体一端积累许多负电荷而另一端因失去负电荷而带同样多的正电荷，从而在导体内就产生电动势，这就是感应电动势的由来。实验可以证明，直导体产生感应电动势的大小为 $e = BLv\sin\theta$，式中 e 为感应电动势，单位是 V；B 为磁场的磁感应强度，单位是 T；L 为导体在磁场中的长度，单位是 m；v 为导体运动速度，单位是 m/s；θ 为导体运动方向与磁力线的夹角。

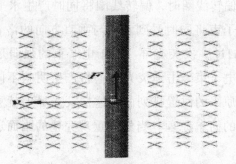

图 3 - 8 - 11   自感电动势产生的原理 × 表示磁力线方向朝纸里面

感应电动势的方向可用右手定则判定，其方法是：伸开右手；让大拇指与其余四指垂直，并且都跟手掌在一个平面内；使掌心对着磁力线的 N 到 S 的方向，如果大拇指指的是导线移动的方向，那么其余四指所指的方向就是感应电动势和感应电流的方向，如图 3 - 8 - 12 所示。

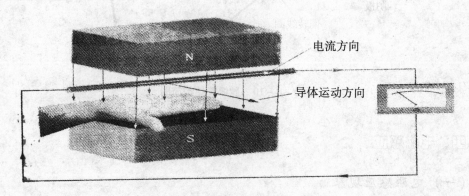

图 3 - 8 - 12   感应电动势方向的判定

（三）线圈中产生的感应电动势

如图 3 - 8 - 13 所示，将一个线圈和电流表（测量电路中电流大小的装置）串接成一个闭合回路，然后插入永久磁铁，使线圈中的磁通发生变化，这时电流表的指针发生偏转，说明线圈两端有感应电动势产生；当磁铁停止运动时，即穿过线圈的磁通不变时，电流表的指针也回到零；当磁铁从线圈中拔出时，电流表指针又发生偏转，其偏转方向与磁铁插入线圈时相反。磁铁插入或拔出线圈的速度越快，单位时间里线圈磁通变化越大，这时可观察到电流表指针偏转角度越大，说明线圈产生的感应电动势越大。由上述实验可以看出，线圈中产生的感应电动势与单位时间里穿过线圈的磁通变化成正比（磁通变化率），这个规律叫做法拉第电磁感应定律。用 $\Delta \Phi$ 表示的时间间隔 Δt 内一个 N 匝线圈中的磁通变化量，则 N 匝的线圈产生感应电动势的大小为：

$$E = -N\frac{\Delta\Phi}{\Delta t}$$

线圈中感应电动势的方向采用俄国科学家楞次总结出的确定感应电流方向的楞次定律判定，即线圈中感应电流所产生的磁通总是阻碍原磁通变化。这就是说，当线圈原磁通增加，当原磁通感小时，感应电流产生的磁通和原磁通方向相同，阻碍原磁通减小。

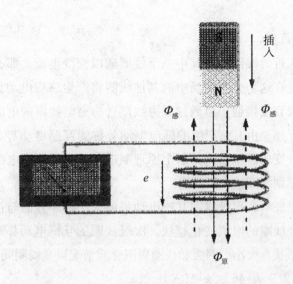

图3－8－13 线圈中产生感应电动势的试验装置

【例】 如图3－8－13所示，判断感应电动势的方向。

解：当磁铁插入线圈的过程中，线圈磁通增加方向应如图3－8－13所示的实线方向，根据楞次定律，感生电流产生的磁通方向应为阻碍原磁通增加的方向，即图3－8－13中的虚线方向，用右手定则可判断出感应电动势的方向为上负下正。

第九节 自感、互感和变压器

一、自感

任何导体当有电流通过时，导体周围就产生磁场，如果电流发生变化，磁场也随着变化，磁场的变化又引起感应电动势的产生，这种由导体本身电流变化而产生的电磁感应叫做自感。在自感中产生的感应电动势叫做自感电动势。

自感电动势的方向可由楞次定律确定：当线圈中电流增大时，自感电动势的方向和线圈中电流方向相反，以阻止电流的增大；当线圈中电流减小时，自感电动势的方向和线圈中电流的方向相同，以阻止电流的减小。总之，当线圈中电流发生变化时，自感电动势总是阻止电流的变化。

自感电动势的大小，一方面与导体中电流变化的快慢有关，另一方面还和线圈的形状、尺寸、线圈圈数以及线圈中介质材料等有关。如果在线圈中加放铁芯或磁芯，自感电动势会成倍地增加。

二、互感

（一）线圈的互感

两个以上互相靠近的线圈，若其中一个线圈通以交变电流，那么在这个线圈周围将产生交变磁场，处在这个交变磁场中的其他线圈将产生感应电动势。因而虽然这些线圈之间没有用导线直接接通，但通过磁力线耦合，通电线圈的电能转移到其他线圈中，这种作用称为互感。由互感产生的感应电动势称为互感电动势。在收音机、录音机和电视机中的各种变压器就是根据这个原理制成的。一般称通电线圈为原线圈或初级线圈，其他线圈称副线圈或次级线圈。

理论和实践可以证明，次级线圈互感电动势的大小，一方面与初级线圈电流的变化快慢成正比，流经线圈的电流变化越快，次级线圈的互感电动势就越大；另一方面它还与线圈本身的形状、大小、圈数和线圈周围介质情况以及线圈间的相对位置有关。

（二）互感线圈之间的耦合形式

线圈相互靠近产生的互感现象称作线圈的耦合。根据初级线圈与次级线圈之间的相对位置不同，线圈间的这种耦合可以分为紧耦合、松耦合和无耦合。

如果把初级线圈紧靠在一起或共同绕制在一个绝缘管上，初级线圈的磁力线大多数都能穿过次级线圈而发生作用，这时它的互感量最大，对应于次级绕组线圈的互感电动势也最大，这种耦合叫做紧耦合，如图3-9-1（a）所示。如果由于初级、次级线圈远离或斜放，而使初级线圈的磁力线只有少数穿过次级线圈而发生作用，将导致两线圈互感量较小，对应于次级绕组线圈的互感电动势也较小，这种耦合叫做松耦合，如图3-9-1（b）所示。如果初级线圈与次级线圈相距很远或彼此垂直放置，导致初级线圈产生的磁力线无法穿过次级线圈，次级线圈上将没有互感电动势产生，这种耦合叫做无耦合，如图3-9-1（c）所示。

（三）互感线圈的同名端

线圈中电流发生变化时，自感电动势总是阻止电流的变化。在上述分析自感电动势和电流的方向关系时不涉及线圈的绕向，然而互感电动势则不是这样。如图3-9-2所示，是一个利用互感原理制作的变压器，它有3个绕组，A绕组为初级绕组，B、C绕组为次级绕组。在线圈绕组的绕制工艺上，C绕组与A绕组同向，B绕组与A绕组

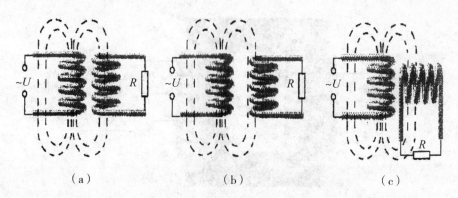

（a）　　　　　　　　（b）　　　　　　　　（c）

图 3 - 9 - 1　线圈间的三种耦合

反向。下面分析绕组绕向工艺不同时，次级互感电动势方向的变化。

　　设电流 i 从 A 绕组 1 端流入，电流 i 是递增的，这时磁路中磁通增加方向为图 3 - 9 - 2 中的实线所标的方向。由楞次定律判定，绕组 B 和绕组 C 的互感电动势方向为 B 绕组向上，C 绕组向下。由此可见，互感电动势的方向与线圈绕制方向有关。通常用同名端来反映磁耦合线圈的绕向。线圈的同名端可用下列方法来确定：

　　设电流分别从 A、B、C 绕组的 1 端、3 端、6 端流进，这时每个线圈的自感磁通方向一致（图 3 - 9 - 2 中的实线所示），所以把 1、3、6 端称为同名端；同理 2、4、5 端也是同名端。同名端用相同的符号标出。如图 3 - 9 - 2 中三个线圈的同名端用"·"符号标出。

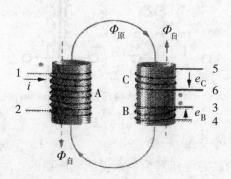

图 3 - 9 - 2　线圈同名端的表示方法

　　对于同一个互感线圈（或称变压器），绕组间同名端的信号极性是相同的。不同名端的信号极性是反相的，它们的相位差为 180°。因此，在无线电技术中广泛应用变压器同名端信号极性的特点来得到相位差为 180° 的信号。例如袖珍超外差收音机中为了获得相位差为 180° 的两个音频信号，就是利用变压器同名端的特点来实现，其变压器构造原理如图 3 - 9 - 3 所示。

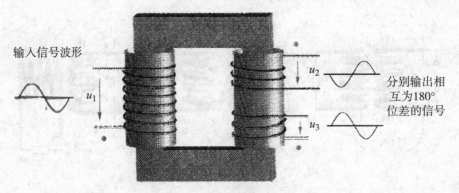

图 3-9-3 变压器各绕组相位关系

三、变压器初识

(一) 什么是变压器

把两个以上不相连接的线圈互相靠近就构成了 1 只变压器。根据不同需要，变压器有的采用铁芯，有的采用铁氧体磁芯。一般铁芯变压器使用在频率比较低的场合，磁芯变压器使用在频率比较高的场合。在电路图中，不同磁芯它们的代表符号不同，如图 3-9-4 所示。

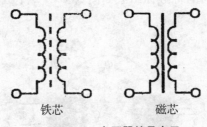

铁芯   磁芯

图 3-9-4 变压器符号表示

(二) 变压器的长降压原理

下面就以两个绕组的铁芯变压器为例来说明变压器的作用和阻抗变换原理。如图 3-9-5 所示，线圈 L_1 的交流电压是由电源或信号源提供的，故称 L_1 为初级线圈中感应过来的，故称 L_2 为次级线圈。在不考虑变压器对电能损耗的前提下，初次级线圈有下列关系：

$$\frac{初级电压（U_1）}{次级电压（U_2）} = \frac{初级圈数（N_1）}{次级圈数（N_2）} = n$$

上式中 n 称为初次级的电压比或圈数比，当 $n > 1$ 时，变压器起降压作用，当 $n < 1$ 时，变压器起升压作用。由于不考虑变压器对电能的损耗，根据能量守恒定律，变压

— 106 —

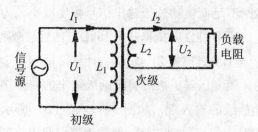

图 3 - 9 - 5 变压器基本工作原理

器初级功率 P_1 应等于次级功率 P_2，即：

$$P_1 = P_2$$

又因为

$$P_1 = I_1 U_1; \quad P_2 = I_2 U_2; \quad I_1 U_1 = I_2 U_2$$

所以

$$\frac{I_2}{I_1} = \frac{U_1}{U_2} = n$$

在收音机采用的中频变压器、电视机中采用的推动变压器都是降压变压器，虽然电压降低了 n 倍，但电流却增加了 n 倍，故电功率并没有降低。

（三）变压器的阻抗变换原理

变压器不但可以变换电压、电流，而且还可用来进行阻抗变换，使负载获得最大电功率。

当变压器次级接有负载时，它对阻抗的变换有以下规律：

设变压器初级阻抗 Z_1；次级负载阻抗为 Z_2，则初、次级功率分别为：

$$P_1 = \frac{U_1^2}{Z_1}, \quad P_2 = \frac{U_2^2}{Z_2}$$

因为

$$P_1 = P_2$$

所以

$$\frac{U_1^2}{Z_1} = \frac{U_2^2}{Z_2}, \quad n^2 = \frac{U_1^2}{U_2^2} = \frac{Z_1}{Z_2}$$

得：

$$Z_1 = n^2 Z_2$$

由上式表明，变压器初级阻抗的大小不仅和变压器的负载阻抗有关，而且与变压器的匝数比 n 的平方成正比。这样一来，不管实际负载阻抗是多少，总能找到适当的匝数比的变压器来达到阻抗匹配的目的，这就是变压器阻抗变换的作用原理。

（四）变压器应用举例

1. 放大器级间阻抗匹配用变压器

如图 3 - 9 - 6（a）为某低频放大电路的原理框图，激励级放大器输出端的阻抗为 16kΩ，功放级输入端的阻抗为 1kΩ，激励放大器放大输出的信号直接送功放级进放大。由于没有阻抗匹配，功放级输入端将不能从激励级输出的信号中获得最大的信号功率。

其结果将导致功放级激励不足而使功放级输出信号幅度减小。为了避免这种情况，可用变压器进行阻抗匹配，即将 $1k\Omega$ 阻抗提升到 $16k\Omega$，然后与激励级放大器输出阻抗匹配。由于 $Z_1 = 16k\Omega$、$Z_2 = 1k\Omega$，根据 $Z_1 = n^2 Z_2$，计算得 $n = 4$。这就是说要找一个初级匝数为次级匝数 4 倍的音频变压器，然后将激励级输出的信号接变压器的初级，将次级线圈输出的信号接功放级的输入端，如图 $3-9-6$（b）所示。这样就有 $n^2 \times 1k\Omega$（$4^2 \times 1 = 16k\Omega$）的阻抗从次级反射到初级，使放大器级间阻抗匹配，功放级输入端就能从激励级输出端得到最大信号功率。

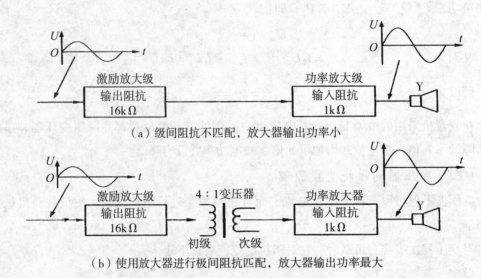

（a）级间阻抗不匹配，放大器输出功率小

（b）使用放大器进行极间阻抗匹配，放大器输出功率最大

图 $3-9-6$　变压器阻抗匹配举例

2. 让 220V 交流电给收音机供电用变压器

收音机采用 3V 直流电源供电（两节五号电池供电）。如果要用 220V 交流电给收音机供电，首先得通过变压器将 220V 交流电降到 4.5V，然后进行整流、滤波，最后经稳压电路稳压输出 3V 直流电源向收音机供电。交流电源变换成直流电源的过程也可用图 $3-9-7$ 表示。小型电源变压器的制作分两步。第一步是设计，设计要根据负载的需要确定变压器的容量，然后确定变压器铁芯的截面积和初、次级绕组的匝数，最后根据初、次级电流的大小选择漆包线；第二步是动手绕制。

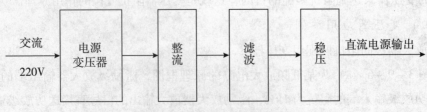

图 $3-9-7$　稳压电路原理方框图

第十节　技能训练

一、万用表使用技术

（一）实训目的

1. 了解万用表的种类
2. 熟悉万用表的使用规范
3. 熟练掌握万用表测量技术
4. 了解万用表的基本结构

（二）实训器材

1. 万用表
2. 电工实验台稳压电源
3. 电工实验台挂箱 DGJ – 05
4. 测量用电阻若干

（三）工作原理

万用表具有用途多、量程广、使用方便等优点，是电子测量中最常用的工具。它可以用来测量电阻，交直流电压和电流，有的万用表还可以测量晶体管的主要参数及电容器的电容量等。掌握万用表的使用方法是电子技术的一项基本技能。

常见的万用表有指针式万用表和数字式万用表，其外观如图 3 – 10 – 1 所示，它们

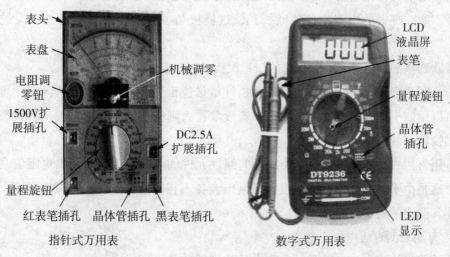

表头　表盘　电阻调零钮　1500V扩展插孔　量程旋钮　机械调零　DC2.5A扩展插孔　红表笔插孔　晶体管插孔　黑表笔插孔　指针式万用表　LCD液晶屏　表笔　量程旋钮　晶体管插孔　LED显示　数字式万用表

图 3 – 10 – 1　万用表

各有方便之处，很难说谁好谁坏。指针式万用表是以表头为核心部件的多功能测量仪表，测量值由表头指针指示读取。数字式万用表的测量值由液晶显示屏直接以数字的形式显示，不必考虑正负极，且读取十分方便，有些还带有语音提示功能。在这里我们重点介绍指针式万用表的使用方法。

1. 万用表测量电阻

万用表欧姆挡具有测量元件阻值的作用，实际使用时还可以对电容、电感、二极管、三极管等诸多元件进行检测，在设备检修中起着举足轻重的作用。

万用表欧姆挡的刻度线通常为刻度盘的第一根，其刻度不均匀呈左密右疏，且零刻度在右端，无穷大"∞"在左端，即左大右小。

（1）测量步骤

电阻的测量在欧姆挡的使用中最为普遍和基础，其步骤如下：

①将万用表调至欧姆挡。

②将红黑表笔短接，同时调节欧姆调零钮使指针右摆至欧姆刻度零处，此时调零完成。若发现指针无法调零到位，则有可能是电池没电，应当更换。

③将红黑表笔分别接触电阻两引脚进行测量。

④刻度的读数乘以量程即为测量阻值。

（2）注意事项

①在测量时不应用手同时捏住电阻两引脚，这样做会使测量值小于实际值，且所测电阻阻值越大误差也越大（参照并联电路的电阻计算原理）。

②在断电电路中测量电阻时应将电阻一脚脱离电路板或从电路板上拆下后测量，否则所测阻值为分布电阻（即所测两点间所有相关元件的总电阻）。

③不能在带电的电路中使用欧姆挡，这样极易使万用表因表头通过电流过大而损坏。

④欧姆挡的调零并非一劳永逸的，每次换量程时都必须重新调零。

⑤为测量准确应选择合适的量程使指针尽量位于刻度线中部2/3的区域，量程的选用可以用四个字概括：大大小小，即若读数过大则应调换较大的量程，若读数过小则应调换较小的量程。

⑥用万用表不同倍率的欧姆挡测量非线性元件的等效电阻时，测出电阻值是不相同的。这是由于各挡位的中值电阻和满度电流各不相同所造成的，机械表中，一般倍率越小，测出的阻值越小。

2. 万用表测直流电压、电流

在设备的检修中时常需要对电路中的关键部位的电压或电流进行测量，通过测量值与正常值的比较从而判断故障出现的部位。

万用表直流电压、电流挡的刻度线通常共用为刻度盘的第二根（DCV．A），其刻度均匀，零刻度在左端，即右大左小。

（1）测量步骤

直流电压和电流的测量方法基本相似，但因测量方便程度不同，通常电压的测量要远多于电流，而电流的测量一般用测量电压加欧姆定律计算的方法来代替。

①将万用表调至直流电压挡（DCV）或直流电流挡（DCmA）。

②测量直流电压时红黑表笔直接接触被测部分两端，即电压表应与被测部分并联。测量直流电流时应先将被测部分断开，再将红、黑表笔串接在被断开的两点之间，即电流表应与被测部分串联。

③测量前要首先判断所测部分的正负极性，测量时应使红表笔接被测部分的正极，黑表笔接被测部分的负极。若无法判定正负极，可先用红黑表笔进行试触，即把万用表量程放在最大挡，在被测电路上很快试一下，看笔针怎么偏转，就可以判断出正、负极性。

④电压与电流测量数值的读取完全一样，测量的数值的计算依据公式：

$$测量值 = \frac{量程}{最大刻度值} \times 相应读数$$

万用表的直流刻度线（DCV．A）通常按比例分为两组或三组刻度值，但在此公式中"最大刻度值"选取的是哪组的并不重要，重要的是你读取的读数必须是属于你选中的那组刻度值。

（2）注意事项

①在使用万用表过程中，不能用手去接触表笔的金属部分，这样一方面可以保证测量的准确，另一方面也可以保证人身安全。

②使用万用表电流挡测量电流时，应将万用表串联在被测电路中，因为只有串联才能使流过电流表的电流与被测支路电流相同。特别应注意电流表不能并联在被测电路中，这样做是很危险的，极易使万用表烧毁。

③超量程测量大电压、电流极易烧毁万用表，在测量前必须先估计数值大小再选好量程，若对所测部分的数值无法估计则应当选用最大量程，再视指针摆动情况逐级选用更加合适的量程。

④在测量某一电压或电流时，不能在测量的同时换挡，尤其是在测量高电压或大电流时，更应注意，否则，会使万用表毁坏。如需换挡，应先断开表笔，换挡后再去测量。

⑤为测量准确应选择合适的量程使指针尽量位于刻度线中部 2/3 的区域，量程的选用也可以用四个字概括："大大小小"，即若读数过大则应调换较大的量程，若读数

过小则应调换较小的量程。

3. 万用表测量交流电压

万用表交流电压挡的刻度线通常为刻度盘的第三根（ACV），其刻度略不均匀，零刻度在左端，即右大左小，但有些时候为方便起见它与直流共用刻度盘的第二根刻度线。

交流电压的测量除无须判断电路正负极外（交流电不分正负极），其步骤、读数公式、注意事项皆与直流测量相同，故在这里不再复述。

（四）实训内容

1. 测量电阻箱

将电阻箱调整到规定阻值，利用万用表测量，测量结果填入表 3 – 10 – 1。

表 3 – 10 – 1　　　　　　　　　　　　电阻箱测量

电阻箱阻值	选用量程	读　数	实测阻值
25 欧			
500 欧			
7 千欧			
80 千欧			

2. 测量直流电压

将直流电压源 U_A 调整到规定电压值，利用万用表直流电压挡测量，测量结果填入表 3 – 10 – 2。

表 3 – 10 – 2　　　　　　　　　　　　直流电压测量

电压源 U_A	选用量程	读数	实测电压值
0.5 伏			
5 伏			
25 伏			

3. 测量直流电流

按图 3 – 10 – 2 搭接电路。将直流电压源 U_A 调整到规定电压值，利用万用表直流电流挡测量，测量结果填入表 3 – 10 – 3。

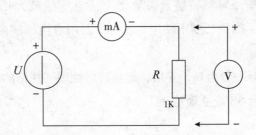

图 3 - 10 - 2　测量电路

表 3 - 10 - 3　　　　　　　　　　　　直流电流测量

电压源 U_A	选用量程	读数	实测电流值
2伏			
4伏			
6伏			

4. 测量交流电压

利用万用表交流电压挡测量电网的输入电压，测量结果填入表 3 - 10 - 4。

表 3 - 10 - 4　　　　　　　　　　　　交流电压测量

电压源 U_A	选用量程	读数	实测电压值
U1、N1			
W1、N1			
V1、W1			
两相插座			

（五）注意事项

1. 安全第一，在测量大电压时尽可能单手测量，即将黑表笔固定在电路的地线上，一只手持红表笔进行测量

2. 使用万用表之前，必须熟悉量程选择开关的作用。明确要测什么，怎样去测，然后将量程选择开关拨在需要测试挡的位置，切不可弄错挡位。例如：测量电压时误将选择开关拨在电流或电阻挡时，极易把表头烧坏

3. 在测量前必须先估计数值大小再选好量程，若对所测部分的数值无法估计则应当选用最大量程，再视指针摆动情况逐级选用更加合适的量程

4. 万用表在使用时，必须水平直视，以免造成误差。同时，还要注意到避免外界磁场对万用表的影响

5. 万用表使用完毕，应将转换开关置于交流电压的最大挡，以防别人不慎测量 220V 市电电压而损坏。如果长期不使用，还应将万用表内部的电池取出来，以免电池腐蚀表内其他器件

6. 万用表的熔断器一般为 0.5 安培，更换时应使用同规格的熔断器

7. 实训过程应符合 6S 企业规范

（六）实训报告

1. 简述万用表测量电阻、电压、电流的方法

2. 心得体会及其他

实训报告
评分

（七）实训评估

表 3 – 10 – 5　　　　　　　　　实训评估

检测项目		评分标准	分值（分）	教师评估
知识理解	电学基本物理量知识	熟悉电流、电压和电阻三大电学物理量的意义	10	
	万用表保养	熟悉万用表的安装、检查和保养方法	10	
	万用表知识	熟悉万用表测量电流、电压和电阻的方法和注意事项	10	

检测项目		评分标准	分值（分）	教师评估
操作技能	测量电阻	按要求正确测量电阻，并填入表格	10	
	测量直流电压	按要求正确测量直流电压，并填入表格	10	
	测量直流电流	按要求正确测量直流电流，并填入表格	10	
	测量交流电压	按要求正确测量交流电压，并填入表格	10	
	安全操作	安全用电，按章操作，遵守实验室管理制度	10	
	现场管理	按 6S 企业管理体系要求，进行现场管理	10	
	实训报告	内容正确，条理清晰	10	
总　分			100	

二、电位、电压的测定

（一）实训目的

1. 掌握电压和电位的测量技术

2. 验证电路中电位的相对性、电压的绝对性

（二）实训器材

表 3 - 10 - 6　　　　　　　　实训器材

序　号	名　称	型号与规格	数　量	备　注
1	直流可调稳压电源	0 ~ 30V	二路	
2	万用表		1	
3	直流数字电压表	0 ~ 200V	1	
4	电位、电压测定实训电路板		1	DGJ - 03

（三）工作原理

在一个闭合电路中，各点电位的高低视所选的电位参考点的不同而变，但任意两

点间的电位差（即电压）则是绝对的，它不因参考点的变动而改变。

（四）实训内容

利用 DGJ－03 实训挂箱上的"基尔霍夫定律/叠加原理"线路，按图 3－10－3 接线。

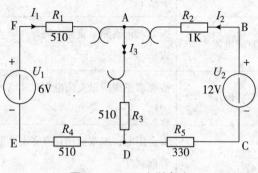

图 3－10－3　实训电路

1. 分别将两路直流稳压电源接入电路，令 $U_1 = 6V$，$U_2 = 12V$（先调准输出电压值，再接入实训线路中），K_1 打向右边、K_2 打向左边、K_3 打向上边，故障按键 1、2、3 全部弹起

2. 以图 3－10－3 中的 A 点作为电位的参考点，分别测量 B、C、D、E、F 各点的电位值 U 及相邻两点之间的电压值 U_{AB}、U_{BC}、U_{CD} 等。数据列于表 3－10－7 中

3. 计算值中电压的计算公式为：$U_{AB} = U_A - U_B$

4. 以 D 点作为参考点，重复实训内容 2 的测量，测得数据列于表 3－10－7 中

表 3－10－7　　　　　　　　　电压、电位表测量

电位参考点		U_A	U_B	U_C	U_D	U_E	U_F	U_{AB}	U_{BC}	U_{CD}	U_{DE}	U_{EF}	U_{FA}
A	计算值	无											
	测量值												
B	计算值	无											
	测量值												

（五）注意事项

1. DG－05 上的 K_1 打向右边、K_2 打向左边、K_3 应拨向 330Ω 侧，三个故障按键均不得按下

2. 测量电位时，用指针式万用表的直流电压挡或用数字直流电压表测量时，用黑表笔接参考电位点，用红表笔接被测各点。若指针正向偏转或数显表显示正值，则表

明该点电位为正（即高于参考点电位）；若指针反向偏转或数显表显示负值，此时应调换万用表的表笔，然后读出数值，此时在电位值之前应加一负号（表明该点电位低于参考点电位）。数显表也可不调换表笔，直接读出负值

3. 测量电压时，如测量 U_{AB} 时，用红表笔接 A 点，用黑表笔接 B 点。若指针正向偏转或数显表显示正值，则表明电压为正；若指针反向偏转或数显表显示负值，此时应调换万用表的表笔，然后读出数值，此时在电位值之前应加一负号。数显表也可不调换表笔，直接读出负值

4. 实训过程应符合 6S 企业规范

（六）实训报告

1. 写出实训电路的计算步骤

2. 总结电位相对性和电压绝对性的结论

3. 若以 F 点为参考电位点，实训测得各点的电位值；现令 E 点作为参考电位点，试问此时各点的电位值应有何变化

4. 心得体会及其他

实训报告	
评分	

（七）实训评估

表 3 - 10 - 8　　　　　　　　　　　　　　评估与检测

检测项目		评分标准	分值	教师评估
知识理解	电压、电位	熟悉电压、电位的意义与关系	10	
	测量	掌握电压、电位的测量方法	15	
操作技能	电路连接	能够熟练连接实训电路和检测设备	20	
	测量和验证	能够按要求用电压表测量电路的各项参数，并得出结论	25	
	安全操作	安全用电，按章操作，遵守实训室管理制度	10	
	现场管理	按 6S 企业管理体系要求，进行现场管理	10	
	实训报告	内容正确，条理清晰	10	
总　分			100	

三、PCB 焊接技术

（一）实训目的

1. 熟悉烙铁和焊料的握持方法

2. 通过五步法练习，初步掌握焊接技术

3. 掌握印制板装配方法，为后续实习电路设计打好基础

（二）实训器材

1. 电烙铁

2. 辅助工具

3. 焊料（焊锡丝）、助焊剂（松香）

4. 练习板（板上含可拆焊的元件）

5. 单孔万能板

6. 元件若干

（三）工作原理

1. 锡焊操作的正确姿势

电烙铁握法有三种，如图 3 - 10 - 4 所示。反握法动作稳定，长时间操作不易疲劳，适于大功率烙铁的操作。正握法适于中等功率烙铁或带弯头电烙铁的操作。一般

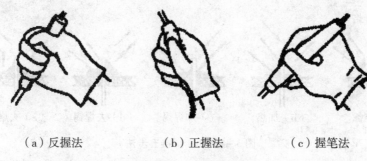

（a）反握法 （b）正握法 （c）握笔法

图3-10-4 电烙铁握法

在操作台上焊印制板等焊件时多采用握笔法。

焊剂加热挥发出的化学物质对人体是有害的，如果操作时鼻子距离烙铁头太近，则很容易将有害气体吸入。一般烙铁离开鼻子的距离应至少不小于30厘米，通常以40厘米时为宜。

焊锡丝一般有两种拿法，如图3-10-5所示。由于焊丝成分中，铅占一定比例，众所周知铅是对人体有害的重金属，因此操作时应尽可能戴手套或操作后洗手，避免食入。

（a）连续锡焊时焊锡丝拿法 （b）断续锡焊时焊锡丝拿法

图3-10-5 焊锡丝拿法

使用电烙铁要配置烙铁架，一般放置在工作台右前方，电烙铁用后一定要稳妥放于烙铁架上，并注意导线等物不要碰烙铁头。

2. 锡焊操作的步骤（五步法）

不少初学者通行一种焊接操作法，即先用烙铁头沾上一些焊锡，然后将烙铁放到焊点上停留等待加热后焊锡润湿焊件。这种方法，不是正确的操作方法。虽然这样也可以将焊件焊起来，但却不能保证质量。正确的方法应该如图3-10-6所示。

（1）准备施焊

准备好焊锡丝和烙铁。此时特别强调的是烙铁头部要保持干净。

（2）加热焊件

将烙铁接触焊接点，注意首先要保持烙铁加热焊件各部分，例如印制板上引线和

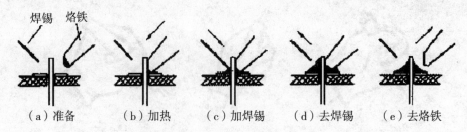

（a）准备　　（b）加热　　（c）加焊锡　　（d）去焊锡　　（e）去烙铁

图 3 - 10 - 6　焊接五步法

焊盘都使之受热，其次要注意让烙铁头的扁平部分（较大部分）接触热容量较大的焊件，烙铁头的侧面或边缘部分接触热容量较小的焊件，以保持焊件均匀受热。

（3）熔化焊料

当焊件加热到能熔化焊料的温度后将焊丝置于焊点，焊料开始熔化并润湿焊点。

（4）移开焊锡

当熔化一定量的焊锡后将焊锡丝移开。

（5）移开烙铁

当焊锡完全润湿焊点后移开烙铁，注意移开烙铁的方向应该是大致 45°的方向。上述过程，对一般焊点而言大约两三秒钟。对于热容量较小的焊点，例如印制电路板上的小焊盘，有时用三步法概括操作方法，即将上述步骤（2）、（3）合为一步，（4）、（5）合为一步。实际上细微区分还是五步，所以五步法有普遍性，是掌握手工烙铁焊接的基本方法。特别是各步骤之间停留的时间，对保证焊接质量至关重要，只有通过实践才能逐步掌握。

3. 焊接质量要求

一个设备的正常使用很大程度上取决于焊点的好坏，好的焊点既牢固耐用又美观，一个正常的焊点应满足下列要求，其形状如图 3 - 10 - 7 所示。

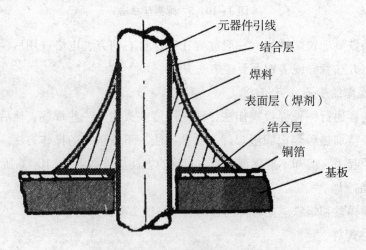

元器件引线
结合层
焊料
表面层（焊剂）
结合层
铜箔
基板

图 3 - 10 - 7　焊点剖面示意

（1）电气性能良好

高质量的焊点应是焊料与元件金属界面形成牢固的合金层才能保证良好的导电性。不能简单地将焊料堆砌在元件金属表面而形成虚焊。

（2）具有一定的机械强度

焊点的作用是连接元件与焊盘，要使元件电气接触良好、耐用、抗振动，焊点必须具有一定的机械强度。

（3）焊点上的焊料要适当

焊点上的焊料过少，不仅降低机械强度，而且由于表面氧化层逐渐加深，会导致焊点早期失效。焊点上的焊料过多，既增加成本，又容易造成相邻焊点桥接（短路），也会掩盖焊接缺陷，所以焊点上的焊料要适当。

（4）焊点表面应光亮而且均匀

良好的焊点表面应光亮且色泽均匀，无裂缝、无针孔、无夹渣。

（5）焊点不应有毛刺、空隙

焊点表面存在毛刺、空隙不仅不美观，还会给电子产品带来危害，尤其在高压电路部分，将会产生尖端放电而损害电子设备。

（6）焊点表面必须清洁

焊点表面的污垢，尤其是助焊剂的有害物质，如果不及时清除，其中的酸性物质会腐蚀元件引脚、焊点及印制电路板，其中的吸潮物质会造成漏电甚至短路燃烧等，从而带来严重隐患。

（四）实训内容

1. 根据五步法练习焊接技术

锡焊中容易出现的情况：

（1）加热时间过长，造成焊点外观变差，焊盘脱落。

（2）加热时间不够造成焊锡没有完全熔化。

（3）焊锡过多造成焊点不美观，焊接质量不好。

（4）焊锡过少，造成虚焊。

2. 元件表面清理，引脚成型

3. 在单孔万用板上进行新元件的插装和焊接

4. 元件剪脚

（五）注意事项

1. 在焊锡固定以前不能移动，否则极易产生虚焊

2. 焊锡用量要适中

3. 不要把烙铁头作为运载焊剂的工具

4. 应尽可能避免补焊

5. 元件引脚成型应用镊子完成

6. 实训过程应符合 6S 企业规范

（六）实训报告

1. 简述锡焊的操作方法

2. 心得体会及其他

实训报告
评分

（七）实训评估

表 3 – 10 – 9   实训评估

检测项目		评分标准	分值（分）	教师评估
知识理解	烙铁和焊料的握持	熟悉烙铁和焊料的正确握持方法	10	
	锡焊机理	熟悉锡焊中烙铁、焊料和松香的作用过程	15	
	印制板装配	熟悉 PCB 的结构，能够正确区分元件面、焊接面	15	

	检测项目	评分标准	分值（分）	教师评估
操作技能	锡焊练习	能够正确装配元件，并焊接出符合电气规范的焊点	30	
	安全操作	安全用电，按章操作，遵守实验室管理制度	10	
	现场管理	按 6S 企业管理体系要求，进行现场管理	10	
	实训报告	内容正确，条理清晰	10	
总　分			100	

第四章 常见电路

第一节 直流电阻电路

在生产实际中，凡是用直流电源供电的电路都是直流电路，如汽车电路、电子电路及我们常见的手电筒、电动自行车等。直流电路的分析方法是研究电路的基本方法，也是我们学习其他专业课程的基本方法。在前面，我们已经介绍了简单直流电路的分析，本章我们将给大家介绍复杂直流电路的分析方法。

一、基尔霍夫定律

直流电路的电路结构有很多种类型，有些电路只要运用欧姆定律和电阻串、并联电路的特点及其计算公式，就能对它们进行计算和分析，这类电路，我们称为简单直流电路，但在实际电路中，我们经常遇到由两个或两个以上的电源组成的多回路电路，在这些电路中，我们不能像分析简单直流电路那样分析它们，这类电路我们称为复杂直流电路。

分析与计算复杂电路之前，先介绍一下有关电路结构的几个名词。

1. 支路：电路中流过同一电流的分支，称为支路

图 4 – 1 – 1 中共有三条支路。

2. 节点：三条或三条以上支路的连接点，称为节点

图 4 – 1 – 1 中共有两个节点。

3. 回路：电路中任一闭合的路径，称为回路

图 4 – 1 – 1 中共有三个回路。

4. 网孔：内部不包含支路的回路

图 4 – 1 – 1 中共有二个网孔。

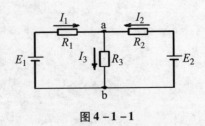

图 4 – 1 – 1

二、基尔霍夫电流定律（KCL）

基尔霍夫电流定律（简称 KCL）指出：任一时刻，流入电路中任一个节点的各支路电流的代数和恒等于零，即 $\sum I = 0$。在任一瞬间流入任一结点的电流之和等于流出该结点的电流之和。

对结点 a 可以写出：

$$I_1 + I_2 = I_3$$

改写成：

$$I_1 + I_2 - I_3 = 0$$

即

$$\sum I = 0$$

这说明在任一瞬间，一个结点上电流的代数和等于零。

KCL 解题，首先应标出各支路电流的参考方向，列 $\sum I = 0$ 表达式时，流入结点的电流取正号，流出结点的电流取负号。

应用 KCL 时须注意的问题：

（1）必须先标出各支路电流的参考方向。

（2）选定电流流出节点为正，还是电流流入节点为正。

【例】图 4 - 1 - 2 中，电流参考方向如图所标，已知 $I_1 = 4\text{A}$，$I_2 = 7\text{A}$，$I_4 = 10\text{A}$，$I_5 = 25\text{A}$，求 I_3，I_6。

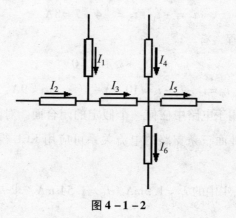

图 4 - 1 - 2

解：对于节点 a：

$$I_1 + I_2 = I_3$$
$$I_3 = 4 + 7 = 11\text{A}$$

对于节点 b：

$$I_3 + I_4 = I_5 + I_6$$
$$I_6 = I_3 + I_4 - I_5 = 11 + 10 - 25 = -4\text{A}$$

电流 I_6 为负值，表示 I_6 的实际方向与假设方向相反，所以电流 I_6 的大小为4A，方向应是流入节点 b。

【例】如图 4 - 3 所示电路，已知 $i_1 = 4A$，$i_2 = 7A$，$i_4 = 10A$，$i_5 = -2A$，求电流 i_3、i_6。

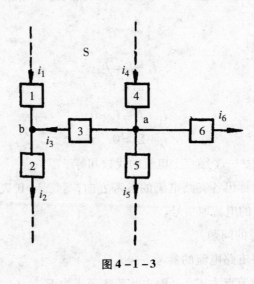

图 4 - 1 - 3

解：选流出节点的电流取正号。对节点 b 列 KCL 方程，有

$$-i_1 + i_2 - i_3 = 0$$

则
$$i_3 = -i_1 + i_2 = -4 + 7 = 3A$$

对节点 a 列 KCL 方程，有

$$i_3 - i_4 + i_5 + i_6 = 0$$

则
$$i_6 = i_4 - i_3 - i_5 = 10 - 3 - (-2) = 9A$$

KCL 也可以推广应用于电路中任何一个假定的闭合面。对图中实线所包围的闭合面可视为一个节点，而外面三条支路的电流关系可应用 KCL 得：$I_B + I_C = I_E$，或 $I_B + I_C - I_E = 0$。

【例】已知图 4 - 1 - 4 中的 $I_C = 1.5mA$，$I_E = 1.54\ mA$，求 $I_B = ?$

解：根据 KCL 可得

$$I_B + I_C = I_E$$
$$I_B = I_E - I_C$$
$$= 1.54\ mA - 1.5\ mA$$
$$= 0.04\ mA$$
$$= 40\mu A$$

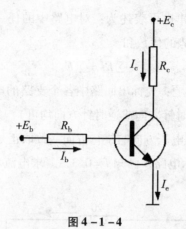

图 4 - 1 - 4

三、基尔霍夫电压定律（KVL）

基尔霍夫电压定律（简称 KVL）指出：在任一瞬间沿任一回路绕行一周，回路中各个元件上电压的代数和等于零。即 $\Sigma U = 0$。

图 4 - 1 - 5 中虚线表示回路绕行方向（任选），各段电压分别为：

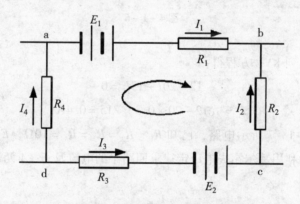

图 4 - 1 - 5

$$U_{ab} = -E_1 + R_1 I_1$$
$$U_{bc} = -R_2 I_2$$
$$U_{cd} = E_2 - R_3 I_3$$
$$U_{da} = R_4 I_4$$

根据回路电压定律可得：

$$U_{ab} + U_{bc} + U_{cd} + U_{da} = 0$$

即

$$-E_1 + R_1 I_1 - R_2 I_2 + E_2 - R_3 I_3 + R_4 I_4 = 0$$

整理后得：
$$R_1 I_1 - R_2 I_2 - R_3 I_3 + R_4 I_4 = E_1 - E_2$$

因此，基尔霍夫电压定律也可表述为：对电路中的任一闭合回路，各电阻上电压降的代数和等于各电源电动势的代数和。

用公式表示为：
$$\sum RI = \sum E$$

应用 KVL 时须注意的问题：先标出回路中各个支路的电流方向、各个元件的电压方向和回路的绕行方向（顺时针方向或逆时针方向均可），然后列 $\sum U = 0$ 表达式。

在列 $\sum U = 0$ 表达式时，电压方向与绕行方向一致取正号，相反取负号。

【例】如图 4-1-6 所示电路，已知 $I = 0.3$ A，求电流 I_1。

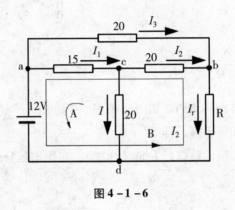

图 4-1-6

解：对网孔 A 列 KVL 方程得：
$$12 - 20I - 15I_1 = 0$$
$$I_1 = (12 - 20 \times 0.3) / 15 = 0.4A$$

【例】如图 4-1-7 所示电路，已知 $R_1 = R_2 = R_3 = R_4 = 10\Omega$，$E_1 = 12V$，$E_2 = 9V$，$E_3 = 18V$，$E_4 = 3V$ 利用基尔霍夫电压定律求回路中的电流及 E、A 两端的电压。

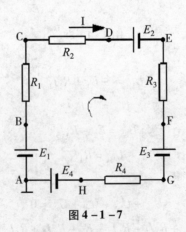

图 4-1-7

解：这是单回路，电路中各元件通过同一电流 I（参考方向如图 4-1-7 所示），按顺时针绕行方向，列出 KVL 方程为：

$$-E_1 + IR_1 + IR_2 + E_2 + IR_3 + E_3 + IR_4 - E_4 = 0$$

$$I = E_1 - E_2 - E_3 + E_4/R_1 + R_2 + R_3 + R_4 = -0.3\text{V}$$

I 的计算结果为负值，所以回路中的电流实际方向和参考方向相反，数值等于 0.3A。

计算 UEA 可以通过两条路径

通过 EFGHA：$U_{EA} = IR_3 + E_3 + IR_4 - E_4 = 9\text{V}$

通过 EDCBA：$U_{EA} = -E_2 - IR_2 - IR_1 + E_1 = 9\text{V}$

可以看出，沿不同路径计算，结果是一样的。

四、基尔霍夫定律应用（支路电流法）

支路电流法是以支路电流为未知量，直接应用 KCL 和 KVL，分别对节点和回路列出所需的方程式，然后联立求解出各未知电流。一个具有 b 条支路、n 个节点的电路，根据 KCL 可列出 $(n-1)$ 个独立的节点电流方程式，根据 KVL 可列出 $b-(n-1)$ 个独立的回路电压方程式。

【例】如图 4-1-8 所示电路，电路的支路数 $b=3$，支路电流有 i_1、i_2、i_3 三个。节点数 $n=2$，可列出 $2-1=1$ 个独立的 KCL 方程。

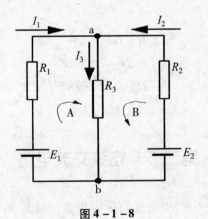

图 4-1-8

节点 a：
$$I_1 + I_2 - I_3 = 0 \tag{1}$$
独立的 KVL 方程数为 $3-(2-1)=2$ 个。

回路 A：
$$I_1R_1 + I_3R_3 = E_1 \tag{2}$$

回路 B：
$$I_2R_2 + I_3R_3 = E_2 \tag{3}$$

由式（1）、式（2）、式（3）组成方程组，将电路参数代入方程，就可求出各支路电流。

【例】如图 4 - 1 - 9 所示，已知 $E_1 = 18V$，$E_2 = 28V$，$R_1 = 1\Omega$，$R_2 = 2\Omega$，$R_3 = 10\Omega$，求各支路电流。

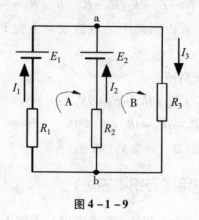

图 4 - 1 - 9

解：设各支路电流方向和回路电流方向为图示方向（方向任意选定），列 KCL 和 KVL 方程。

$$I_1 + I_2 - I_3 = 0$$
$$I_1 R_1 - I_2 R_2 = E_1 - E_2$$
$$I_2 R_2 + I_3 R = E_2$$

代入已知量得：

$$I_1 + I_2 - I_3 = 0$$
$$I_1 - 2I_2 = 18 - 28$$
$$2I_2 + 10I_3 = 28$$

得：
$$I_1 = -2A \quad I_2 = 4A \quad I_3 = 2A$$

第二节　正弦交流电路

在日常生活中和工农业生产中，我们用得最多的就是单相正弦交流电，简称交流电。因为与直流电相比，交流电有许多优点，首先，交流电可以利用交流发电机方便地产生，交流电可以利用变压器进行电压变换，便于远距离传输，交流电便于低压配电，可以保证用电安全。其次，交流发电机比直流发电机结构简单，价格低廉，性能可靠，因此，现代发电厂发出的几乎都是交流电，照明、动力、电热等大多数设备也都使用交流电。最后，交流电经过整流后可以很方便地转换为直流电。本章主要介绍交流电的产生、相量表示法及电阻、电感、电容元件在交流电路中的电流、电压和功率的分析法。

一、交流电的基本概念

在电路中，大小和方向随时间作周期性变化的电流和电压（交变电流、交变电压），统称交流电，交流电分为正弦交流电和非正弦交流电，大小和方向随时间按照正弦规律变化的电压和电流，称为正弦交流电，用 AC 表示，符号为"～"，如图 4-2-1 所示：

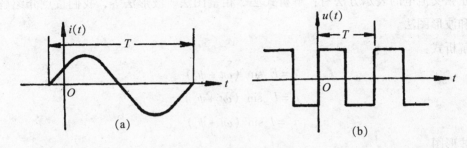

图 4-2-1

二、交流电的产生

正弦交流电是通过单相交流发电机产生的，单相交流发电机由定子和转子组成，定子中有绕组，且按顺时针方向在磁场中匀速旋转，绕组由于切割磁感线而产生交流电。

三、交流电的三要素

最大值：正弦交流电在一个周期内所能达到的最大数值称为交流电的最大值，又称振幅，用带下标 m 的大写字母 I_m、U_m、E_m 分别表示电流、电压、电动势的最大值。

周期、频率、角频率：角频率是描述正弦交流电变化快慢的物理量，我们把交流电每秒钟变化的电角度，叫做交流电的角频率，用字母 ω 表示，单位是弧度/秒（rad/s）。每秒内交流电变化的次数，称为频率，通常用 f 表示，单位是赫兹，符号为Hz。常用来表示交流电变化的快慢，常用单位有千赫（kHz）、兆赫（MHz），换算关系为：$1\text{kHz} = 10^3\text{Hz}$，$1\text{ MHz} = 10^6\text{ Hz}$。交流电完成一次周期性变化所需要的时间，称为交流电的周期，用字母 T 表示，单位是秒（s），周期和频率互为倒数，即 $T = 1/f$，或 $f = 1/T$。因为交流电完成 1 次周期性变化所对应的电角度为 $2\prod$，所用时间为 T，所以角频率与周期和频率的关系是 $\omega = 2\prod/T = 2\prod f$。

初相：交流电每时每刻都在变化，其瞬间的大小不是由时间 t 决定的，而是由 $\omega t +$

ψ_0 决定的，$\omega t + \psi_0$ 决定了交流电的变化趋势，称为正弦交流电的相位，又称相角。

$t=0$ 时刻的相位，称为初相位，简称初相，用字母 ψ_0 表示。正弦交流电的初相不同，初始值就不同，到达最大值和某一特定值所需时间也不同。

四、交流电的表示方法

正弦交流电的表示方法有：解析式法、相量图法、波形法等，我们重点介绍解析式法和波形图法。

解析式：

$$e = E_m \sin \left(\omega t + \psi_e \right)$$
$$u = U_m \sin \left(\omega t + \psi_u \right)$$
$$i = I_m \sin \left(\omega t + \psi_i \right)$$

波形图：

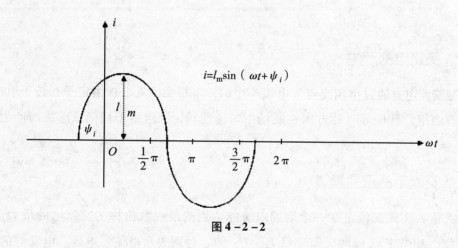

$$i = I_m \sin \left(\omega t + \psi_i \right)$$

图 4 – 2 – 2

五、简单正弦交流电路

正弦交流电路是指含有正弦交流电源并且电路中各电流与电压都按照正弦规律变化的交流电路。

正弦交流电路特点：正弦交流电路和直流电路的基本特性是一样的，但是由于交流电随时间变化，使交流电路产生了一些直流电路所不具备的规律。

1. 纯电阻正弦交流电路

纯电阻正弦交流电路如图 4 – 2 – 3 所示。

（1）电压和电流关系

电压与电流符合欧姆定律 uR（t）$= R_i R$（t）

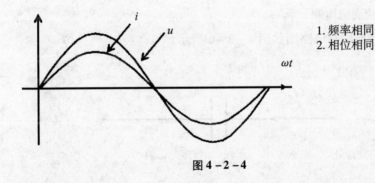

图 4 - 2 - 3

若 uR（t）$= U_\mathrm{m}\sin$（$\omega t + \psi_u$）uR（t）$= U_\mathrm{m}\sin$（$\omega t + \psi_u$）

$$iR = u_R/R = U_\mathrm{m}\sin（\omega t + \psi_u）/R$$

$$= I_\mathrm{m}\sin（\omega t + \psi_i）$$

其中：$I_\mathrm{m} = U_\mathrm{m}/R$，$\psi_u = \psi_i$。

（2）纯电阻正弦交流电路中电压、电流波形

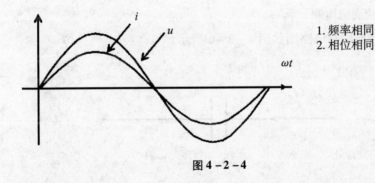

1.频率相同
2.相位相同

图 4 - 2 - 4

（3）瞬时功率

电阻元件在交流电路中每一瞬时消耗的功率称为瞬时功率。瞬时功率等于电压、电流瞬时值的乘积，用字母 p 来表示。

$$p = ui$$

$$u = U_\mathrm{m}\sin（\omega t + \psi_u）$$

$$i = I_\mathrm{m}\sin（\omega t + \psi_i）$$

$$p = ui = U_\mathrm{m}\sin（\omega t + \psi_u）I_\mathrm{m}\sin（\omega t + \psi_i）$$

$$= U_\mathrm{m}I_\mathrm{m}\sin^2（\omega t + \psi_u）$$

$$= 1/2 U_\mathrm{m}I_\mathrm{m}\left[1 - \cos^2（\omega t + \psi_u）\right]$$

$$= UI\left[1 - \cos^2（\omega t + \psi_u）\right]$$

（4）纯电阻正弦交流电路瞬时功率波形图

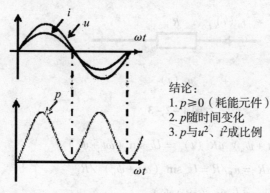

结论:
1. $p \geqslant 0$ (耗能元件)
2. p随时间变化
3. p与u^2、i^2成比例

图 4 – 2 – 5

(5) 平均功率 (有功功率)

瞬时功率的平均值称为平均功率,也叫有功功率。平均功率用字母 P 来表示。数值上等于电压有效值和电流有效值之乘积。

$$P = UI = 1/2UmIm = I^2R = U^2/R$$

2. 纯电容正弦交流电路

纯电容正弦交流电路电路图如图 4 – 2 – 6 所示。

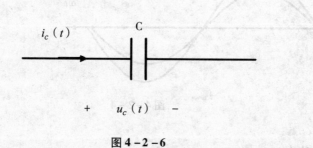

图 4 – 2 – 6

电容元件只考虑其电场效应,对于磁效应和热效应忽略不计时,称为纯电容元件。纯电容元件的电容量是与电压大小无关的常量,即纯电容元件是一个线性元件。只含有纯电容元件的正弦交流电路称为纯电容正弦交流电路。

(1) 电压和电流关系

$$i_c\ (t)\ = C\frac{\mathrm{d}u_c\ (t)}{\mathrm{d}\ (t)}$$

$$u_c\ (t)\ = Ucm\sin\ (\omega t + \psi_u)$$

$$i_c\ (t)\ = \omega CUcm\sin\ (\omega t + \psi_u + \pi/2)$$

$$= Icm\sin\ (\omega t + \psi_i)$$

式中,
$$Icm = \omega CUcm$$

$$\psi_i = \psi_u + \pi/2$$

$$i_c\ (t)\ =\omega CUcm\sin\ (\omega t+\psi_u+\pi/2)$$

电容元件在正弦电压的作用下，产生同频率正弦电流，其振幅 $Icm=\omega CUcm$，而电流在相位上超前电压 $\pi/2$，说明：电容中电流与电容两端电压的变化率成正比，电流与电压有 $\pi/2$ 的相角差。

（2）纯电容正弦交流电路中电压、电流波形，如图 4 - 2 - 7 所示

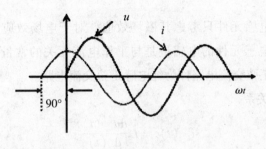

图 4 - 2 - 7

容抗和电压、电流关系

$$Ic=\omega CUc$$

则有：$1/\ (\omega C)\ =Uc/\ Ic$

上式中 $1/\ (\omega C)$ 称为电容的电抗，简称容抗，用符号 X_C 表示，单位为欧姆，即

$$X_C=1/\ (\omega C)\ =1/\ (2\pi fC)$$

容抗的特点：$X_C=1/\ (\omega C)\ =1/\ (2\pi fC)$，容抗的大小，说明了在电容元件上电压振幅（或有效值）与电流振幅（或有效值）的数量关系。换句话说，容抗表示了电容元件对交流电流的阻碍作用。X_C 与电压的 f 成反比，频率越高，容抗越小。

（3）容抗与频率的关系

$X_C=1/\ (\omega C)\ =1/\ (2\pi fC)$。图 4 - 2 - 8 是容抗与频率的关系特性曲线图。

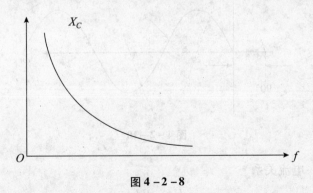

图 4 - 2 - 8

— 135 —

3. 纯电感正弦交流电路

纯电感电路如图 4 – 2 – 9 所示。

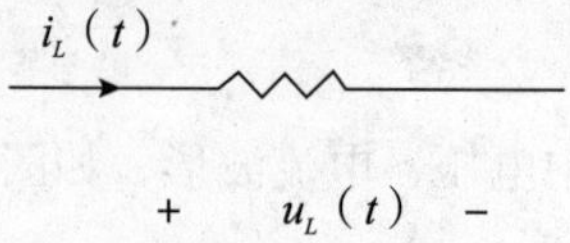

$$i_L(t)$$

$$+ \quad u_L(t) \quad -$$

图 4 – 2 – 9

在交流电路中，电感元件只考虑其磁场效应，对于电场效应和热效应忽略不计，称为纯电感元件。纯电感元件的电感量是与工作电流无关的常量，是一种线性元件。只含有纯电感元件的正弦交流电路称为纯电感正弦交流电路。

（1）电压和电流关系

$$i_L(t) = L\frac{\mathrm{d}u_L(t)}{\mathrm{d}(t)}$$

$$i_L = I_m\sin(\omega t + \psi_i)$$

则：
$$uL = \omega LI_m\cos(\omega t + \psi_i)$$
$$= \omega LI_m\sin(\omega t + \psi_i + \pi/2)$$
$$= U_{Lm}\sin(\omega t + \psi_u)$$

式中
$$U_{Lm} = \omega LI_m \quad \psi_u = \psi_i + \pi/2$$
$$uL = \omega LI_m\sin(\omega t + \psi_i + \pi/2)$$

电感元件在正弦电流的作用下，产生同频率正弦电压，其振幅 $ULm = \omega LIm$，而电压在相位上超前电流 $\pi/2$，说明：电感中自感电压与电感中的电流变化率成正比，电压与电流有 $\pi/2$ 的相角差。

（2）纯电感正弦交流电路中电压、电流波形，如图 4 – 2 – 10 所示

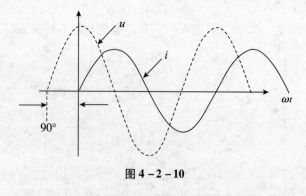

图 4 – 2 – 10

感抗和电压、电流关系

$$U_L = \omega LI_L$$

则有：

$$\omega L = U_L / I_L$$

上式中 ωL 称为电感的电抗，简称感抗，用符号 X_L 表示，单位为欧姆，即

$$X_L = \omega L = 2\pi f L$$

感抗的特点：$X_L = \omega L = 2\pi f L$，感抗的大小，说明了在电感元件上电压振幅（或有效值）与电流振幅（或有效值）的数量关系。换句话说，感抗表示了电感元件对交流电流的阻碍作用。X_L 与电压的 f 成正比，频率越高，感抗越大。

4. 简单正弦交流电小结（如表 4-2-1）

表 4-2-1　　　　　　　　简单正弦交流电路小结

电路参数	电路图（正方向）	基本关系	复数阻抗	电压、电流关系				功率	
				瞬时值	有效值	相量图	相量式	有功功率	无功功率
R		$u=iR$	R	设 $u=\sqrt{2}U\sin\omega t$ 则 $i=\sqrt{2}I\sin\omega t$	$U=IR$	u、i同相	$\dot{U}=\dot{I}R$	UI	0
L		$u=L\dfrac{di}{dt}$	$jX_L=j\omega L$	设 $i=\sqrt{2}I\sin\omega t$ 则 $u=\sqrt{2}I\omega L\sin(\omega t+90°)$	$U=LX_L$ $X_L=\omega L$	u领先i90°	$\dot{U}=\dot{I}(jX_L)$	0	UI I^2X_L
C		$i=C\dfrac{du}{dt}$	$-jX_4=-j\dfrac{1}{\omega C}=\dfrac{1}{j\omega C}$	设 $u=\sqrt{2}U\sin\omega t$ 则 $i=\sqrt{2}\dfrac{U}{\frac{1}{\omega C}}\sin(\omega t+90°)$	$U=LX_C$ $X_C=\dfrac{1}{\omega C}$	u落后i90°	$\dot{U}=\dot{I}(-jX_C)$	0	$-UI$ $-I^2X_C$

第三节　放大电路

在电子设备和电子产品中，常常需要将微弱的信号放大，如电视机需将天线接收下来的几微伏的信号放大到几十伏，使显像管能还原出图像；音响功率放大器要将小信号放大到有足够的功率能够推动扬声器发出声音。完成信号放大功能的电路称为放大电路，又称为放大器。一个完整的、性能良好的放大器看起来比较复杂，其实它们都是由一些基本的放大器组成，因此，熟练掌握基本放大器的工作原理和分析方法是分析复杂放大电路的基本条件。

本节介绍交流放大电路中的一些基本放大电路的工作原理、特点和分析方法。

一、放大电路的基本概念

1. 放大电路的用途和分类

放大本质是能量的控制，即用能量比较小的信号去控制另一能量较大的能源，从

而在负载上得到较大的能量输出。放大电路的作用就是将微弱的电信号（电压或电流）放到足够大的数值，以便向负载输出所需要的电信号，而且要求放大后的信号与原来信号的变化规律一致。

为了实现能量的控制，达到放大的目的，需采用具有放大作用的电子器件作为放大电路的核心。

根据信号的强弱，可以分为小信号放大器和大信号放大器；根据被放大信号频率成分的不同，可以分为直流放大器、低频放大器、宽带放大器和晶振放大器；根据功能不同可以分为电压放大器、电流放大器、功率放大器等。

2. 放大电路的性能指标

如图 4-3-1 所示是放大电路的组成框图，图中信号源 V_s 向放大电路提供输入信号，R_s 是信号源内阻；V_i、I_i 分别是实际加在放大电路输入端的交流输入电压及输入电流的有效值；R_L 是放大电路负载，其上的电压是输出电压 V_0。由此定义了放大电路常用的几个性能指标。

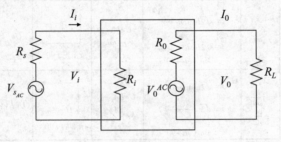

图 4-3-1

（1）电压放大倍数 A_V

放大电路的电压放大倍数是指输出电压的变化幅值与输入电压的变化幅值之比，它反映了放大电路对输入信号 V_i 在幅度上的放大能力，又称为电压增益。其一般表达式为：

$$A_V = \frac{V_0}{V_i}$$

（2）电流放大倍数 A_i

电路输出电流与输入电流的变化量之比称为电路的电流放大倍数，表示为：

$$A_i = \frac{I_0}{I_i}$$

（3）输入电阻 R_i

作为一个放大电路，一定要有信号源提供输入信号，放大电路与信号源相连，作为信号源的负载，其等效负载电阻就为 R_i。R_i 反映了放大电路对信号源的影响程度。

R_i越大，表明它从信号源索取的电流越小，放大电路输入端所得到的电压 V_i 越接近信号源电压 V_s。当信号频率不是很高时，输入电流与输入电压基本同相，输入电阻定义为：

$$R_i = \frac{V_i}{I_i}$$

（4）输出电阻 R_0

放大电路将信号放大后，将其送到负载上。当我们改变负载大小时，会发现其上的输入电压也在改变，这种现象说明负载上得到的输出电压并不等于放大电路的输出电压，这是因为放大电路的输出端有一个等效内阻，称为输出电阻，记为 R_0，其上消耗的电压会随着输出电流的变化而变化。

3. 基本放大电路的组成

基本放大电路是指由一个放大元件（三极管）所组成的简单放大电路，又称为单管放大电路。这里我们就以共射放大电路为例为大家介绍放大电路的电路组成，如图 4 – 3 – 2 所示。

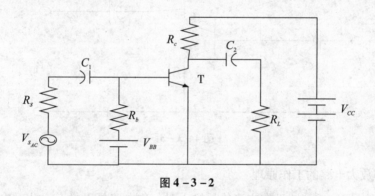

图 4 – 3 – 2

图 4 – 3 – 2 中 T 是 NPN 型三极管，在电路中起放大作用，也是整个电路的核心。输入信号经电容 C_1 耦合到三极管基极上，输出信号从三极管集电极引出，发射极是输入、输出回路的公共电极，因此把该电路称为共发射极放大电路，简称共射电路。V_{CC} 是集电极回路的直流电源，它为输出信号提供能量；R_C 是集电极负载电阻，通过它可以把电流的变化转换成电压的变化反映在输出端；基极直流电源 V_{BB} 和基极电阻 R_b 一边为发射结提供正向偏置电压，同时还要提供基极偏置电流 I_b。在电路中，为了保证三极管能够工作在放大状态，必须使三极管的发射结正偏、集电结反偏，故而 V_{CC}、V_{BB}、R_c 和 R_b 之间要有一定的配合。

电容 C_1、C_2 的作用是隔离直流、通过交流，称为隔直电容或耦合电容。

在组成放大电路时，必须遵循以下几点原则。

（1）必须保证三极管的发射结正偏、集电结反偏，保证三极管工作在放大状态。

（2）输入回路中，应使变化的输入电压信号产生变化的输入电流，通过三极管的电流控制特点去控制输出电流的变化。

（3）输出电流应尽可能多的流向负载，以得到较大的输出电压。

（4）为了保证放大电路的正常工作，在没有外加交流输入信号时，三极管必须有一个合适的工作电压和电流，既要合理设置静态工作点，否则电路输出将产生失真。

在实际分析时，有时只在电源的正端标出"$+V_{CC}$"，负端接公共端，而不画出电源的符号。为了减少电源的种类，一般都由 V_{CC} 提供静态工作点，而不需接电源 V_{BB}，如图 4 - 3 - 3 所示。

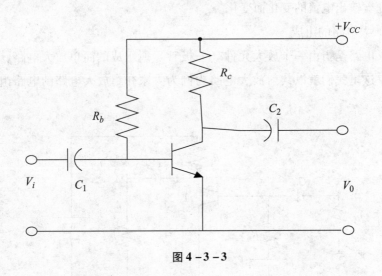

图 4 - 3 - 3

4. 基本放大电路的工作原理

当输入信号 V_s = 0，即没有交流信号输入时，称电路处于静态。此时电路中的直流电源及 R_c 和 R_b 等参数设置使三极管工作在放大状态，对输入回路而言，存在静态时的直流量 I_B、V_{BE}；输出回路有静态时的直流量 I_C、V_{CE}。当信号 V_s 加入电路以后，它将叠加在原来的直流量上，从而使三极管的基极电流发生变化，基极电流的变化被放大倍后成为集电极电流的变化，于是两端的电压降增大，其交流变化部分经电容 C_2 后产生变化的输出电压 V_0。如果参数选择合适，就能得到比 V_s 大得多的 V_0。

二、共发射极基本放大电路的组成及工作原理

采用 NPN 型三极管的基本放大电路如图 4 - 3 - 4 所示，它以晶体管的发射极作为输入、输出回路的公共极，故称共发射极电路，简称共射电路。

（1）晶体管 V。是放大元件，用基极电流 i_B 控制集电极电流 i_C。

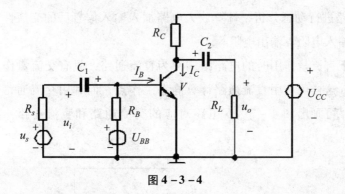

图 4 - 3 - 4

（2）电源 U_{CC} 和 U_{BB}。使晶体管的发射结正偏，集电结反偏，晶体管处在放大状态，同时也是放大电路的能量来源，提供电流 i_B 和 i_C。U_{CC} 一般在几伏到十几伏之间。

（3）偏置电阻 R_B。用来调节基极偏置电流 I_B，使晶体管有一个合适的工作点，一般为几十千欧到几百千欧。

（4）集电极负载电阻 R_C。将集电极电流 i_C 的变化转换为电压的变化，以获得电压放大，一般为几千欧。

（5）电容 C_1、C_2。用来传递交流信号，起到耦合的作用。同时，又使放大电路和信号源及负载间直流相隔离，起隔直作用。为了减小传递信号的电压损失，C_1、C_2 应选得足够大，一般为几微法至几十微法，通常采用电解电容器。

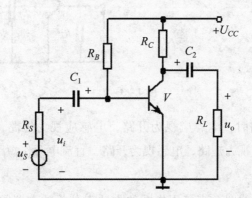

图 4 - 3 - 5　共发射极放大电路的实用电路

三、放大电路的分析方法

（一）直流通路和交流通路

在放大电路的分析中，一般都将交、直流量分开来讨论，因此在对放大电路进行分析时，主要有两个步骤。

（1）确定电路的直流状态。求出电路处于静态时各处的直流电压、直流电流。

（2）对电路进行动态分析，计算放大电路加入输入信号后的交流性能参数，如电压放大倍数、输入电阻、输出电阻等。

我们通常把直流量作用时的电路结构称为直流通路，只有交流量作用的电路结构称为交流通路。这样可利用直流通路计算静态工作点，而利用交流通路分析电路的动态性能。由此，可画出图 4 - 3 - 6 电路对应的交流通路和直流通路，如图 4 - 3 - 7 所示。

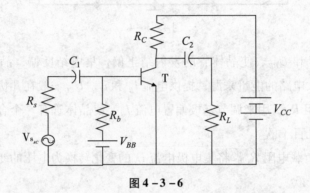

图 4 - 3 - 6

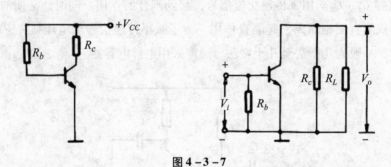

图 4 - 3 - 7

注意：画直流通路时，电容应视为开路，电感应视为短路，信号源作短路处理。画交流通路时，电容应视为短路，电感视为开路，直流电源作短路处理。

（二）图解法

在三极管的特性曲线图上直接用作图的方法来分析放大器的工作情况，这种方法称为图解法。

V_{BE} 的变化范围很小，近似为：

硅管：$V_{BEQ} = 0.6 \sim 0.8\text{V}$

锗管：$V_{BEQ} = 0.1 \sim 0.3\text{V}$

于是，当 V_{CC}、R_b 已知时，可以根据具体情况设定 V_{BEQ}（通常硅管取 0.7V、锗管取 0.3V）然后由 $I_{BQ} = V_{CC} - V_{BEQ}/R_b$ 式求得 I_{BQ}。

在放大电路的输出回路中，I_C 与 V_{CE} 的关系一方面满足晶体管的特性曲线，同时又应满足外电路方程：$V_{CE} = V_{CC} - I_C R_c$。该式是关于 V_{CE}、I_C 的一条直线方程，由它确定的直线称为直流负载线。显然，它在输出特性曲线上与横坐标的交点为 V_{CC}，与纵坐标的交点为 V_{CC}/R_c。直流负载线与晶体管输出特性曲线中那条 $i_B = I_{BQ}$ 曲线的交点就是放大电路的静态工作点 Q，其坐标分别确定了 I_{CQ}、V_{CEQ}，如图 4-3-8 所示。

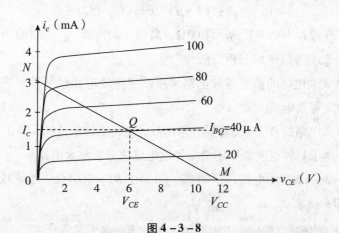

图 4-3-8

（三）微变等效电路法

把非线性元件晶体管所组成的放大电路等效成一个线性电路，就是放大电路的微变等效电路，然后用线性电路的分析方法来分析，这种方法称为微变等效电路分析法。

一般常将三极管等效，如图 4-3-9 所示：

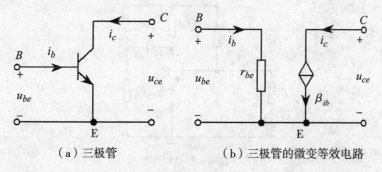

（a）三极管　　　　　（b）三极管的微变等效电路

图 4-3-9

将交流通路进行微变等效后如图 4-3-10 所示：

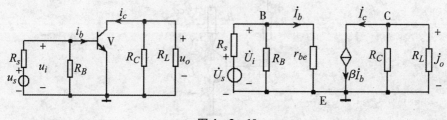

图 4-3-10

1. 晶体管输入电阻 r_{be} 近似计算

从等效电路看，要分析放大电路，必须掌握晶体管的两个最基本的参数，β 和 r_{be}，r_{be} 可以用以下公式来近似计算：$r_{be} = r_{b'e} + r_{bb'}$

$$r_{b'e} = (1+\beta)\, 26mv/I_{EQ}\ (\Omega)$$

$$r_{be} = r_{bb'} + (1+\beta)\, 26mv/I_{EQ}\ (\Omega)$$

一般情况下，低频小功率管 $r_{bb'} = 100\Omega$，高频小功率管 $r_{bb'} = 300\Omega$

2. 放大电路微变等效电路分析方法

（1）先画出放大电路的微变等效电路，用微变等效电路代替其中的三极管，即得到放大电路的微变等效电路。

（2）根据放大电路的微变等效电路，求出放大电路的性能指标，如 A_u，R_i，R_0 等。

下面以一个例子具体说明如何用微变等效电路法分析放大电路。

【例】图 4 - 3 - 11 所示电路，已知 $U_{CC} = 12V$，$R_B = 300k\Omega$，$R_C = 3k\Omega$，$R_L = 3k\Omega$，$R_s = 3k\Omega$，$\beta = 50$，试求：

（1）R_L 接入和断开两种情况下电路的电压放大倍数 $\dot{A}_u$；

（2）输入电阻 R_i 和输出电阻 R_o；

（3）输出端开路时的源电压放大倍数 $\dot{A}_{us} = \dfrac{\dot{U}_o}{\dot{U}_s}$。

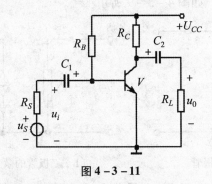

图 4 - 3 - 11

解：先求静态工作点，直流通路如图 4 - 3 - 12 所示：

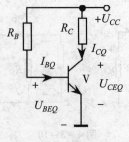

图 4 - 3 - 12

根据直流通路有：

$$I_{BQ} = \frac{U_{CC} - U_{BEQ}}{R_B} \approx \frac{U_{CC}}{R_B} = \frac{12}{300}A = 40\mu A$$

$$I_{CQ} = \beta I_{BQ} = 50 \times 0.04 = 2mA$$

$$U_{CEQ} = U_{CC} - I_{CQ}R_C = 12 - 2 \times 3 = 6V$$

再求三极管的动态输入电阻

$$r_{be} = 300 + (1+\beta)\frac{26 (mV)}{I_{EQ} (mA)} = 300 + (1+50)\frac{26 (mV)}{2 (mA)} = 963\Omega \approx 0.963k\Omega$$

画出微变等效电路图（如图 4 - 3 - 13 所示）

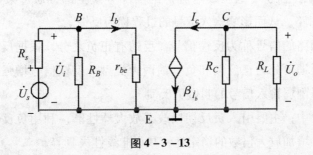

图 4 - 3 - 13

根据交流通路有：

（1）R_L 接入时的电压放大倍数 $\dot{A}_u$ 为：

$$\dot{A}_u = \frac{\dot{U}_o}{\dot{U}_i} = \frac{-R'_L \dot{I}_c}{r_{be} \dot{I}_b} = \frac{-R'_L \beta \dot{I}_b}{r_{be} \dot{I}_b} = -\frac{\beta R'_L}{r_{be}} \quad 式中\ RL' = RC//RL$$

$$\dot{A}_u = -\frac{\beta R'_L}{r_{be}} = -\frac{50 \times \dfrac{3 \times 3}{3+3}}{0.963} = -78$$

R_L 断开时的电压放大倍数 $\dot{A}_u$ 为：

$$\dot{A}_u = -\frac{\beta R_C}{r_{be}} = -\frac{50 \times 3}{0.963} = -156$$

（2）输入电阻 R_i 为：$R_i = \dfrac{\dot{U}_i}{\dot{I}_i} = R_B//r_{be}$

$$R_i = R_B//r_{be} = 300//0.963 \approx 0.96k\Omega$$

输出电阻 R_o 为：$R_o = \dfrac{\dot{U}}{\dot{I}} = R_C$

$$R_o = R_C = 3\ k\Omega$$

（3）$\dot{A}_{us} = \dfrac{\dot{U}_o}{\dot{U}_s} = \dfrac{\dot{U}_i}{\dot{U}_s} \times \dfrac{\dot{U}_o}{\dot{U}_i} = \dfrac{R_i}{R_s + R_i}\dot{A}_u = \dfrac{1}{3+1} \times (-156) = -39$

第四节　负反馈放大电路

在电子线路里，反馈现象是普遍存在的，或以显露或以隐含的形式出现。本节从反馈的概念分类入手，抽象出反馈放大器的方框图，给出基本方程式，为反馈放大器的分析打下基础。

一、反馈的基本概念

将放大电路输出信号（电压或电流）的一部分或全部，通过某种电路（反馈电路）送回到输入回路，从而影响输入信号的过程称为反馈。

反馈到输入回路的信号称为反馈信号。反馈有正负之分，根据反馈信号对输入信号作用的不同，反馈可分为正反馈和负反馈两大类型。反馈信号增强输入信号的叫做正反馈；反馈信号削弱输入信号的叫做负反馈。

在放大器设计中，主要引入负反馈以改善放大器性能，利用负反馈原理可以稳定放大电路工作点，增加放大倍数的稳定性，减小非线性失真等。

二、放大电路中的负反馈

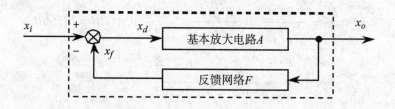

图 4 - 4 - 1　负反馈放大电路的原理框图

$$x_d = x_i - x_f$$
$$x_o = Ax_d$$
$$x_f = Fx_o$$

X_i 表示输入信号，X_f 表示反馈信号，X_d 表示基本放大电路的净输入信号，它由 X_i 和 X_f 之差决定，即 $X_d = X_i - X_f$。

A 为基本放大电路的放大倍数，表示净输入信号 X_d 经基本放大电路正向传输至输出端的增益；F 为反馈网络的反馈系数，表示输出信号经反馈网络反向传输至输入端的程度，通常把基本放大电路的放大倍数 $A = X_0/X_d$ 称为反馈放大电路的开环放大倍数；把反馈放大电路的放大倍数 $A_f = X_0/X_i$ 称为闭环放大倍数；净输入信号 X_d 经基本放大电路和反馈网络沿环路一周得到的反馈信号 X_f，把 $X_f/X_d = AF$ 称为反馈放大电路的环路放大倍数。

三、反馈基本关系式

开环放大倍数：$A = X_0/X_d$

反馈系数：$F = X_f/X_0$

闭环放大倍数：$A_f = X_0/X_i$

环路放大倍数：$X_f/X_d = AF$

因此反馈放大电路的放大倍数为：$A_f = \dfrac{x_0}{x_i} = \dfrac{x_0}{x_d + x_f} = \dfrac{A}{1 + AF}$

通常称 $|1 + AF|$ 为反馈深度。从上式可知，若 $|1 + AF| > 1$，则 $A_f < A$，说明引入反馈后，由于净输入信号的减小，使放大倍数降低了，引入的是负反馈，且反馈深度的值越大（即反馈深度越深），负反馈的作用越强，A_f 也越小。若 $|1 + AF| < 1$，则 $A_f > A$，说明引入反馈后，由于净输入信号的增强，使放大倍数增大了，引入的是正反馈。

四、反馈极性的判断

反馈的正、负极性通常采用瞬时极性法判别。晶体管、场效应管及集成运算放大器的瞬时极性如图所示。晶体管的基极（或栅极）和发射极（或源极）瞬时极性相同，而与集电极（或漏极）瞬时极性相反。集成运算放大器的同相输入端与输出端瞬时极性相同，而反相输入端与输出端瞬时极性相反。

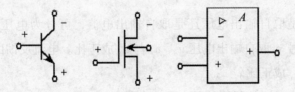

（a）晶体管　（b）场效应管　（c）集成运算放大器

图 4 - 4 - 2

【例】判断如图 4 - 4 - 3 所示电路的反馈极性。

解：设基极输入信号 u_i 的瞬时极性为正，则发射极反馈信号 u_f 的瞬时极性亦为正，发射结上实际得到的信号 u_{be}（净输入信号）与没有反馈时相比减小了，即反馈信号削弱了输入信号的作用，故可确定为负反馈。

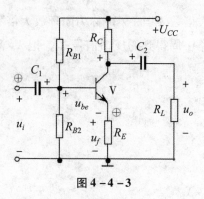

图 4 – 4 – 3

【例】判断如图 4 – 4 – 4 所示电路的反馈极性。

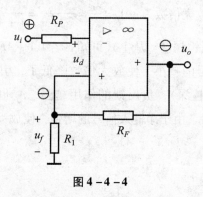

图 4 – 4 – 4

解：设输入信号 u_i 瞬时极性为正，则输出信号 u_o 的瞬时极性为负，经 R_F 返送回同相输入端，反馈信号 u_f 的瞬时极性为负，净输入信号 u_d 与没有反馈时相比增大了，即反馈信号增强了输入信号的作用，故可确定为正反馈。

五、负反馈放大电路的类型及其判别

根据反馈信号是取自输出电压还是取自输出电流，可分为电压反馈和电流反馈。电压反馈的反馈信号 x_f 取自输出电压 u_o，x_f 与 u_o 成正比。电流反馈的反馈信号 x_f 取自输出电流 i_o，x_f 与 i_o 成正比。

电压反馈和电流反馈的判别，通常是将放大电路的输出端交流短路（即令 $u_o = 0$），若反馈信号消失，则为电压反馈，否则为电流反馈。

根据反馈网络与基本放大电路在输入端的连接方式，可分为串联反馈和并联反馈。串联反馈的反馈信号和输入信号以电压串联方式叠加，$u_d = u_i - u_f$，以得到基本放大电路的输入电压 u_d。并联反馈的反馈信号和输入信号以电流并联方式叠加，$i_d = i_i - i_f$，以得到基本放大电路的输入电流 i_i。

串联反馈和并联反馈可以根据电路结构判别。当反馈信号和输入信号接在放大电

路的同一点（另一点往往是接地点）时，一般可判定为并联反馈；而接在放大电路的不同点时，一般可判定为串联反馈。

综合以上两种情况，可构成电压串联、电压并联、电流串联和电流并联 4 种不同类型的负反馈放大电路。

1. 电压串联负反馈

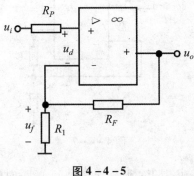

图 4 - 4 - 5

（1）设输入信号 u_i 瞬时极性为正，则输出信号 u_o 的瞬时极性为正，经 R_F 返送回反相输入端，反馈信号 u_f 的瞬时极性为正，净输入信号 u_d 与没有反馈时相比减小了，即反馈信号削弱了输入信号的作用，故为负反馈。

（2）将输出端交流短路，R_F 直接接地，反馈电压 $u_f = 0$，即反馈信号消失，故为电压反馈。

（3）输入信号 u_i 加在集成运算放大器的同相输入端和地之间，而反馈信号 u_f 加在集成运算放大器的反相输入端和地之间，不在同一点，故为串联反馈。

2. 电压并联负反馈

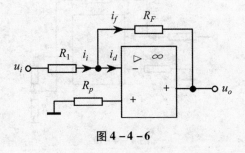

图 4 - 4 - 6

（1）设输入信号 u_i（i_i）瞬时极性为正，则输出信号 u_o 的瞬时极性为负，流经 R_F 的电流（反馈信号）i_f 的方向与图示参考方向相同，即 i_f 瞬时极性为正，净输入信号 i_d 与没有反馈时相比减小了，即反馈信号削弱了输入信号的作用，故为负反馈。

（2）将输出端交流短路，R_F 直接接地，反馈电流 $i_f = 0$，即反馈信号消失，故为电压反馈。

(3) 输入信号 i_i 加在集成运算放大器的反相输入端和地之间,而反馈信号 i_f 也加在集成运算放大器的反相输入端和地之间,在同一点,故为并联反馈。

3. 电流串联负反馈

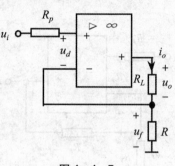

图 4 – 4 – 7

(1) 输入信号 u_i 瞬时极性为正,则输出信号 u_o 的瞬时极性为正,经 RF 返送回反相输入端,反馈信号 u_f 的瞬时极性为正,净输入信号 u_d 与没有反馈时相比减小了,即反馈信号削弱了输入信号的作用,故为负反馈。

(2) 将输出端交流短路,尽管 $u_o = 0$,但输出电流 i_o 仍随输入信号而改变,在 R 上仍有反馈电压 u_f 产生,故可判定不是电压反馈,而是电流反馈。

(3) 输入信号 u_i 加在集成运算放大器的同相输入端和地之间,而反馈信号 u_f 加在集成运算放大器的反相输入端和地之间,不在同一点,故为串联反馈。

4. 电流并联负反馈

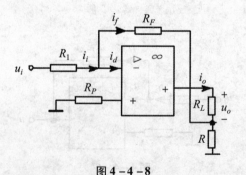

图 4 – 4 – 8

(1) 设输入信号 u_i (i_i) 瞬时极性为正,则输出信号 u_o 的瞬时极性为负,流经 R_F 的电流(反馈信号)i_f 的方向与图示参考方向相同,即 i_f 瞬时极性为正,净输入信号 i_d 与没有反馈时相比减小了,即反馈信号削弱了输入信号的作用,故为负反馈。

(2) 将输出端交流短路,尽管 $u_o = 0$,但输出电流 i_o 仍随输入信号而改变,在 R

上仍有反馈电压 u_f 产生，故可判定不是电压反馈，而是电流反馈。

（3）输入信号 i_i 加在集成运算放大器的反相输入端和地之间，而反馈信号 i_f 也加在集成运算放大器的反相输入端和地之间，在同一点，故为并联反馈。

第五节　集成运算放大器电路

将多个分立元件及它们的连线制作在同一块半导体芯片上，引出若干个端子（如电路的输入端、输出端、正负电源端等），再加以封装，作为一个器件来使用。由于这种器件最开始主要运用于电信号的运算，故称为集成运算放大器，简称"集成运放"或"运放"。与分立元件相比，集成电路更简洁、体积小、重量轻、功耗低、工作可靠性高，互换性好，并且成本低、价格便宜，有取代分立元件之势。

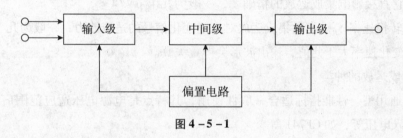

图 4 – 5 – 1

一、集成运算放大器的组成及符号

集成运放的电路符号如图 4 – 5 – 2 所示。它有两个输入端，标" + "的输入端称为同相输入端，输入信号由此端输入时，输出信号与输入信号相位相同；标" – "的输入端称为反相输入端，输入信号由此端输入时，输出信号与输入信号相位相反。

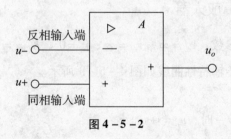

图 4 – 5 – 2

二、集成运算放大器的主要参数及种类

1. 集成运放的主要参数

（1）差模开环电压放大倍数 A_{do}。指集成运放本身（无外加反馈回路）的差模电压

放大倍数，即 $A_{do} = \dfrac{u_o}{u_+ - u_-}$。它体现了集成运放的电压放大能力，一般在 $10^4 \sim 10^7$。A_{do} 越大，电路越稳定，运算精度也越高。

（2）共模开环电压放大倍数 A_{co}。指集成运放本身的共模电压放大倍数，它反映集成运放抗温漂、抗共模干扰的能力，优质的集成运放 A_{co} 应接近于零。

（3）共模抑制比 K_{CMR}。用来综合衡量集成运放的放大能力和抗温漂、抗共模干扰的能力，一般应大于 80dB。

（4）差模输入电阻 r_{id}。指差模信号作用下集成运放的输入电阻。

（5）输入失调电压 U_{io}。指为使输出电压为零，在输入级所加的补偿电压值。它反映差动放大部分参数的不对称程度，显然越小越好，一般为毫伏级。

（6）失调电压温度系数 $\Delta U_{io}/\Delta T$。是指温度变化 ΔT 时所产生的失调电压变化 ΔU_{io} 的大小，它直接影响集成运放的精确度，一般为几十 $\mu V/℃$。

（7）转换速率 S_R。衡量集成运放对高速变化信号的适应能力，一般为几 $V/\mu s$，若输入信号变化速率大于此值，输出波形会严重失真。

2. 集成运放的种类

（1）通用型。性能指标适合一般性使用，其特点是电源电压适应范围广，允许有较大的输入电压等，如 CF741 等。

（2）低功耗型。静态功耗 $\leqslant 2mW$，如 XF253 等。

（3）高精度型。失调电压温度系数在 $1\mu V/℃$ 左右，能保证组成的电路对微弱信号检测的准确性，如 CF75、CF7650 等。

（4）高阻型。输入电阻可达 $10^{12}\Omega$，如 F55 系列等。还有宽带型、高压型等。使用时须查阅集成运放手册，详细了解它们的各种参数，作为使用和选择的依据。

三、理想集成运算放大器

集成运放的理想化参数：$A_{do} = \infty$、$r_{id} = \infty$、$r_o = 0$、$K_{CMR} = \infty$ 等。

理想运放的符号及传输特性曲线如图 4 - 5 - 3 所示。

非线性区分析依据：

当 $u_i > 0$，即 $u_+ > u_-$ 时，$u_o = +u_{OM}$

当 $u_i < 0$，即 $u_+ < u_-$ 时，$u_o = -u_{OM}$

线性区分析依据：

（1）虚断。由 $r_{id} = \infty$，得 $i_+ = i_- = 0$，即理想运放两个输入端的输入电流为零。

（2）虚短。由 $A_{do} = \infty$，得 $u_+ = u_-$，即理想运放两个输入端的电位相等。若信号从反相输入端输入，而同相输入端接地，则 $u_- = u_+ = 0$，即反相输入端的电位为地电

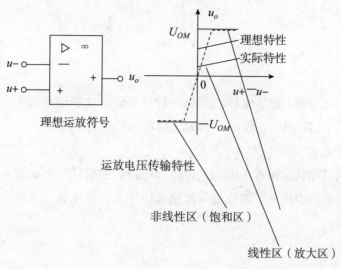

理想运放符号

运放电压传输特性

非线性区（饱和区）

线性区（放大区）

图 4 − 5 − 3

位，通常称为虚地。

四、加法和减法运算电路

1. 加法运算电路

能实现输出电压和几个输入电压之和成比例的电路，称为加法运算电路，按照输入信号均从同相端或都从反相端输入，可分为同相加法电路和反相加法电路。如图 4 −5 −4 为具有两个输入端的反相加法运算电路。

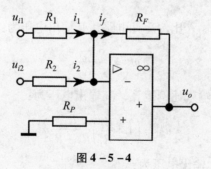

图 4 − 5 − 4

根据运放工作在线性区的两条分析依据可知：

$$i_f = i_1 + i_2$$

$$i_1 = \frac{u_{i1}}{R_1}, \quad i_2 = \frac{u_{i2}}{R_2}, \quad i_f = -\frac{u_o}{R_F}$$

由此可得：

$$u_o = - \left(\frac{R_F}{R_1}u_{i1} + \frac{R_F}{R_2}u_{i2} \right)$$

若 $R_1 = R_2 = R_F$，则：

$$u_o = - \left(u_{i1} + u_{i2} \right)$$

可见输出电压与两个输入电压之间是一种反相输入加法运算关系。这一运算关系可推广到有更多个信号输入的情况。平衡电阻 $R_p = R_1 // R_2 // R_F$。

2. 减法运算电路

若将某一信号加到反相器中倒相，再将倒相以后的信号与另一输入信号一起加入到反相输入加法电路中相加，则输出与两输入信号之差成比例，实现了减法运算（如图 4-5-5 所示）。

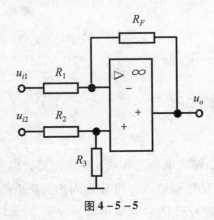

图 4-5-5

由叠加定理：

u_{i1} 单独作用时为反相输入比例运算电路，其输出电压为：

$$u'_o = - \frac{R_F}{R_1}u_{i1}$$

u_{i2} 单独作用时为同相输入比例运算，其输出电压为：

$$u''_o = \left(1 + \frac{R_F}{R_1} \right) \frac{R_3}{R_2 + R_3} u_{i2}$$

u_{i1} 和 u_{i2} 共同作用时，输出电压为：

$$u_o = u'_o + u''_o = - \frac{R_F}{R_1}u_{i1} + \left(1 + \frac{R_F}{R_1} \right) \frac{R_3}{R_2 + R_3} u_{i2}$$

若 $R_3 = \infty$（断开），则：

$$u_o = - \frac{R_F}{R_1}u_{i1} + \left(1 + \frac{R_F}{R_1} \right) u_{i2}$$

若 $R_1 = R_2$，且 $R_3 = R_F$，则：

$$u_o = \frac{R_F}{R_1}(u_{i2} - u_{i1})$$

若 $R_1 = R_2 = R_3 = R_F$，则：

$$u_o = u_{i2} - u_{i1}$$

由此可见，输出电压与两个输入电压之差成正比，实现了减法运算。该电路又称为差动输入运算电路或差动放大电路。

【例】求图 4-5-6 所示电路中 u_o 与 u_{i1}、u_{i2} 的关系。

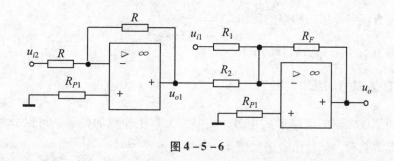

图 4-5-6

解：电路由第一级的反相器和第二级的加法运算电路级联而成。

$$u_{o1} = -u_{i2}$$

$$u_o = -\left(\frac{R_F}{R_1}u_{i1} + \frac{R_F}{R_2}u_{o1}\right) = \frac{R_F}{R_2}u_{i2} - \frac{R_F}{R_1}u_{i1}$$

第六节 功率放大电路

电子设备中的放大电路常由输入级、中间级和输出级组成。输出级要带动一定的负载，负载可以是不同的装置，例如我们熟悉的扩音机，需要给扬声器足够的功率以发出洪亮的声音，因此，功率放大器的作用就是给负载提供足够大的信号功率。

功率放大器和电压放大器在本质上讲，没有什么区别，它们都是能量转换器，即输入信号通过三极管的控制作用，把直流电源的电压、电流和功率转换为随输入信号作相应变化的交流电压、电流和功率。但在电压放大器中要求有较高的输出电压，工作于小信号状态下，其主要问题是如何使负载得到不失真的电压信号；而功率放大器如何使负载得到尽可能大的输出功率，工作在大信号状态下，这就构成了它的特殊要求。

一、功率放大电路的特点

功率放大电路的任务是向负载提供足够大的功率，这就要求：

（1）功率放大电路不仅要有较高的输出电压，还要有较大的输出电流。因此功率放大电路中的晶体管通常工作在高电压大电流状态，晶体管的功耗也比较大。对晶体管的各项指标必须认真选择，且尽可能使其得到充分利用。因为功率放大电路中的晶体管处在大信号极限运用状态。

（2）非线性失真也要比小信号的电压放大电路严重得多。此外，功率放大电路从电源取用的功率较大，为提高电源的利用率。

（3）必须尽可能提高功率放大电路的效率。放大电路的效率是指负载得到的交流信号功率与直流电源供出功率的比值。$\eta = \dfrac{P_o}{P_E}$。

（4）要充分考虑到功放管的散热。

二、功率放大电路的类型

低频功率放大器的电路形式很多，按照放大器工作点的位置，可以分为甲类、乙类和甲乙类等几种，其输出波形如图 4-6-1 所示。

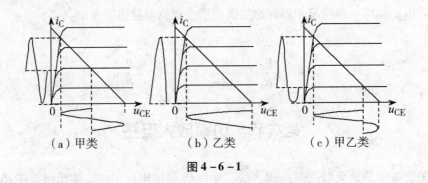

（a）甲类　　　　　（b）乙类　　　　　（c）甲乙类

图 4-6-1

甲类功率放大电路的静态工作点设置在交流负载线的中点。在工作过程中，晶体管始终处在导通状态。这种电路功率损耗较大，效率较低，最高只能达到 50%。

乙类功率放大电路的静态工作点设置在交流负载线的截止点，晶体管仅在输入信号的半个周期导通。这种电路功率损耗减到最少，使效率大大提高。

甲乙类功率放大电路的静态工作点介于甲类和乙类之间，晶体管有不大的静态偏流。其失真情况和效率介于甲类和乙类之间。

第七节　直流稳压电路

由于交流电源的获得比较方便，因此在工农业生产用电和生活用电广泛使用交流电。而在电子线路、仪器仪表和自动控制装置中，一般需要非常稳定的直流电源。虽然在某些情况下可以利用直流发电机或化学电池作为直流电源，但是在大多数情况下，广泛采用的还是各种半导体直流电源。利用它们，可以将电网提供的交流电转换为直流电。

一、整流电路

利用具有单向导电性能的整流元件如二极管等，将交流电转换成单向脉动直流电的电路称为整流电路。整流电路按输入电源相数可分为单相整流电路和三相整流电路，按输出波形又可分为半波整流电路、全波整流电路和桥式整流电路。目前广泛使用的是桥式整流电路。

1. 单相半波整流电路

如图 $4-7-1$ 所示，当 u_2 为正半周时，二极管 D 承受正向电压而导通，此时有电流流过负载，并且和二极管上的电流相等，即 $I_o = I_d$。忽略二极管的电压降，则负载两端的输出电压等于变压器副边电压，即 $u_o = u_2$，输出电压 u_o 的波形与 u_2 相同。

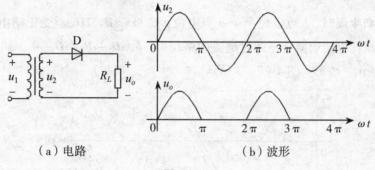

（a）电路 （b）波形

图 $4-7-1$

当 u_2 为负半周时，二极管 D 承受反向电压而截止。此时负载上无电流流过，输出电压 $u_o = 0$，变压器副边电压 u_2 全部加在二极管 D 上。

单相半波整流电压的平均值为：

$$U_o = \frac{1}{2\pi}\int_0^\pi \sqrt{2}U_2\sin\omega t d(\omega t) = \frac{\sqrt{2}}{\pi}U_2 = 0.45U_2$$

流过负载电阻 R_L 的电流平均值为：

$$I_o = \frac{U_o}{R_L} = 0.45\frac{U_2}{R_L}$$

流经二极管的电流平均值与负载电流平均值相等，即

$$I_D = I_o = 0.45\frac{U_2}{R_L}$$

二极管截止时承受的最高反向电压为 u_2 的最大值，即：

$$U_{RM} = U_{2M} = \sqrt{2}\,U_2$$

2. 单相桥式整流电路

如图 4 - 7 - 2 所示，当 u_2 为正半周时，a 点电位高于 b 点电位，二极管 D_1、D_3 承受正向电压而导通，D_2、D_4 承受反向电压而截止。此时电流的路径为：$a \rightarrow D_1 \rightarrow R_L \rightarrow D_3 \rightarrow b$，如图 4 - 7 - 2 中实线箭头所示。

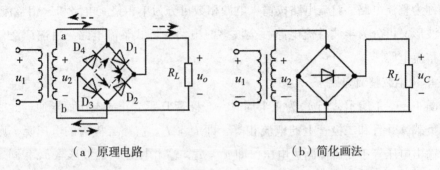

（a）原理电路　　　　　　　　（b）简化画法

图 4 - 7 - 2

当 u_2 为负半周时，b 点电位高于 a 点电位，二极管 D_2、D_4 承受正向电压而导通，D_1、D_3 承受反向电压而截止。此时电流的路径为：$b \rightarrow D_2 \rightarrow R_L \rightarrow D_4 \rightarrow a$，如图 4 - 7 - 2 中虚线箭头所示。波形如图 4 - 7 - 3 所示。

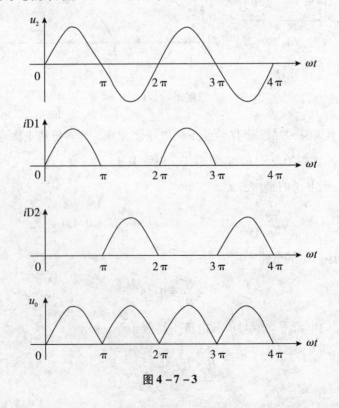

图 4 - 7 - 3

单相全波整流电压的平均值为：

$$U_o = \frac{1}{\pi} \int_0^\pi \sqrt{2} U_2 \sin\omega t d(\omega t) = 2\frac{\sqrt{2}}{\pi} U_2 = 0.9 U_2$$

流过负载电阻 R_L 的电流平均值为：

$$I_o = \frac{U_o}{R_L} = 0.9 \frac{U_2}{R_L}$$

流经每个二极管的电流平均值为负载电流的一半，即：

$$I_D = \frac{1}{2} I_o = 0.45 \frac{U_2}{R_L}$$

每个二极管在截止时承受的最高反向电压为 u_2 的最大值，即：

$$U_{RM} = U_{2M} = \sqrt{2} U_2$$

二、滤波电路

整流电路可以将交流电转换为直流电，但脉动较大，在某些应用中如电镀、蓄电池充电等可直接使用脉动直流电源。但许多电子设备需要平稳的直流电源。这种电源中的整流电路后面还需加滤波电路将交流成分滤除，以得到比较平滑的输出电压。滤波通常是利用电容或电感的能量存储功能来实现的。

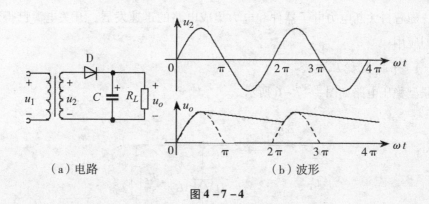

（a）电路　　　　　　　　　　　（b）波形

图 4－7－4

假设电路接通时恰恰在 u_2 由负到正过零的时刻，这时二极管 D 开始导通，电源 u_2 在向负载 R_L 供电的同时又对电容 C 充电。如果忽略二极管正向压降，电容电压 u_C 紧随输入电压 u_2 按正弦规律上升至 u_2 的最大值。然后 u_2 继续按正弦规律下降，且 $u_2 < u_C$，使二极管 D 截止，而电容 C 则对负载电阻 R_L 按指数规律放电。u_C 降至 u_2 大于 u_C 时，二极管又导通，电容 C 再次充电……这样循环下去，u_2 周期性变化，电容 C 周而复始地进行充电和放电，使输出电压脉动减小，如图（b）所示。电容 C 放电的快慢取决于时间常数（$\tau = R_L C$）的大小，时间常数越大，电容 C 放电越慢，输出电压 u_o 就越

平坦，平均值也越高。

单相桥式整流、电容滤波电路的输出特性曲线如图 4-7-5 所示。可见，电容滤波电路的输出电压在负载变化时波动较大，说明它的带负载能力较差，只适用于负载较轻且变化不大的场合。

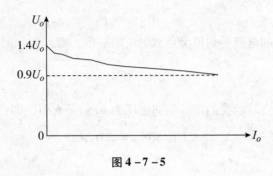

图 4-7-5

三、直流稳压电路

将不稳定的直流电压变换成稳定且可调的直流电压的电路称为直流稳压电路。直流稳压电路按调整器件的工作状态可分为线性稳压电路和开关稳压电路两大类。前者使用起来简单易行，但转换效率低，体积大；后者体积小，转换效率高，但控制电路较复杂。随着自关断电力电子器件和电力集成电路的迅速发展，开关电源已得到越来越广泛的应用。

（一）并联型稳压电路

并联型稳压电路如图 4-7-6 所示。

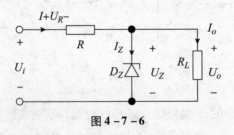

图 4-7-6

工作原理：

输入电压 U_i 波动时会引起输出电压 U_o 波动。如 U_i 升高将引起随之升高，导致稳压管的电流 I_z 急剧增加，使得电阻 R 上的电流 I 和电压 U_R 迅速增大，从而使 U_o 基本上保持不变。反之，当 U_i 减小时，U_R 相应减小，仍可保持 U_o 基本不变。

当负载电流 I_o 发生变化引起输出电压 U_o 发生变化时，同样会引起 I_z 的相应变化，

使得 U_o 保持基本稳定。如当 I_o 增大时，I 和 U_R 均会随之增大使得 U_o 下降，这将导致 I_Z 急剧减小，使 I 仍维持原有数值保持 UR 不变，使得 U_o 得到稳定。

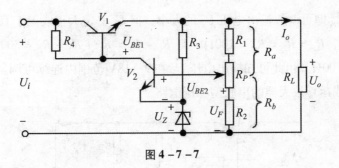

图 4 – 7 – 7

（二）串联型稳压电路

1. 电路的组成及各部分的作用

（1）取样环节。由 R_1、R_P、R_2 组成的分压电路构成，它将输出电压 U_o 分出一部分作为取样电压 U_F，送到比较放大环节。

（2）基准电压。由稳压二极管 D_Z 和电阻 R_3 构成的稳压电路组成，它为电路提供一个稳定的基准电压 U_Z，作为调整、比较的标准。

（3）比较放大环节。由 V_2 和 R_4 构成的直流放大器组成，其作用是将取样电压 U_F 与基准电压 U_Z 之差放大后去控制调整管 V_1。

（4）调整环节。由工作在线性放大区的功率管 V_1 组成，V_1 的基极电流 I_{B1} 受比较放大电路输出的控制，它的改变又可使集电极电流 I_{C1} 和集、射电压 U_{CE1} 改变，从而达到自动调整稳定输出电压的目的。

2. 电路工作原理

当输入电压 U_i 或输出电流 I_o 变化引起输出电压 U_o 增加时，取样电压 U_F 相应增大，使 V_2 管的基极电流 I_{B2} 和集电极电流 I_{C2} 随之增加，V_2 管的集电极电位 U_{C2} 下降，因此 V_1 管的基极电流 I_{B1} 下降，使得 I_{C1} 下降，U_{CE1} 增加，U_o 下降，使 U_o 保持基本稳定。

$$U_o\uparrow \to U_F\uparrow \to I_{B2}\uparrow \to I_{C2}\uparrow \to U_{C2}\downarrow \to I_{B1}\downarrow \to U_{CE1}\uparrow$$
$$U_o\downarrow \longleftarrow$$

同理，当 U_i 或 I_o 变化使 U_o 降低时，调整过程相反，U_{CE1} 将减小使 U_o 保持基本不变。从上述调整过程可以看出，该电路是依靠电压负反馈来稳定输出电压的。

3. 电路的输出电压

设 V_2 发射结电压 U_{BE2} 可忽略，则：

$$U_F = U_Z = \frac{R_b}{R_a + R_b}U_o$$

或：

$$U_o = \frac{R_a + R_b}{R_b} U_Z$$

用电位器 R_P 即可调节输出电压 U_o 的大小，但 U_o 必定大于或等于 U_Z。

如 $U_Z = 6V$，$R_1 = R_2 = R_P = 100\Omega$，则 $R_a + R_b = R_1 + R_2 + R_P = 300\Omega$，$R_b$ 最大为 200Ω，最小为 100Ω。由此可知输出电压 U_o 在 $9 \sim 18V$ 范围内连续可调。

4. 采用集成运算放大器的串联型稳压电路

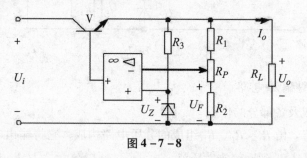

图 4 - 7 - 8

其电路组成部分、工作原理及输出电压的计算与前述电路完全相同，唯一不同之处是放大环节采用集成运算放大器而不是晶体管。

四、集成稳压器

集成稳压电路是将稳压电路的主要元件甚至全部元件制作在一块硅基片上的集成电路，因而具有体积小、使用方便、工作可靠等特点。

集成稳压器的种类很多，作为小功率的直流稳压电源，应用最为普遍的是 3 端式串联型集成稳压器。3 端式是指稳压器仅有输入端、输出端和公共端 3 个接线端子。如 W78×× 和 W79×× 系列稳压器。W78×× 系列输出正电压有 5V、6V、8V、9V、10V、12V、15V、18V、24V 等多种，若要获得负输出电压选 W79×× 系列即可。例如 W7805 输出 +5 V 电压，W7905 则输出 -5 V 电压。这类 3 端稳压器在加装散热器的情况下，输出电流可达 $1.5 \sim 2.2A$，最高输入电压为 35V，最小输入、输出电压差为 $2 \sim 3V$，输出电压变化率为 $0.1\% \sim 0.2\%$。

1. 外形和管脚排列

图 4 - 7 - 9

2. 典型应用电路

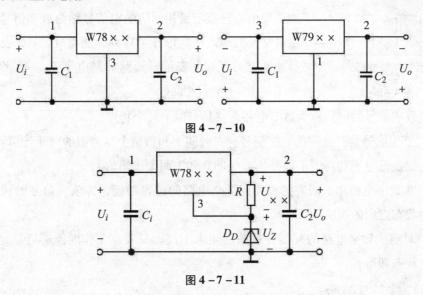

图 4 – 7 – 10

图 4 – 7 – 11

第八节 数字电路

随着数字技术的发展，数字移动电话、数字音响、计算机等对我们来说已不陌生；如此令人神奇的数字技术，其基础理论却很简单。引入二值形式的数字脉冲信号，利用电路的两个稳定状态来表示，便于电路实现，易于电路集成。本节介绍数字电路的有关概念，学习和掌握数字电路的基本原理和基本应用。

一、数字电路基础

（一）数字信号与数字电路

在现实生活中，我们遇到的许多物理量一般具有连续变化的特点，如温度、压力、距离等，这类连续变化的物理量称为模拟量，为了测量、传输和处理这些物理量，常把它们转化成与之成比例的电压或电流信号。模拟实际物理量的电信号称为模拟信号，模拟信号在一定范围内是连续变量，处理模拟信号的电路称为模拟电路。模拟信号波形图如图 4 – 8 – 1 所示。

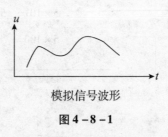

模拟信号波形

图 4 – 8 – 1

数字信号波形

图 4 - 8 - 2

数字量的取值是离散的，只能按有限个或可数的某些数值取值，与数字量相对应的电信号称为数字信号，数字量最常见的形式是矩形脉冲序列，通常规定：0 表示矩形脉冲低电平 U_L；1 表示矩形脉冲高电平 U_H。数字信号波形图如图 4 - 8 - 2 所示。

处理数字信号的电路称为数字电路，它具有以下几个特点：

（1）工作信号是二进制的数字信号，在时间上和数值上是离散的（不连续），反映在电路上就是低电平和高电平两种状态（即 0 和 1 两个逻辑值）。

（2）在数字电路中，研究的主要问题是电路的逻辑功能，即输入信号的状态和输出信号的状态之间的逻辑关系。

（3）对组成数字电路的元器件的精度要求不高，只要在工作时能够可靠地区分 0 和 1 两种状态即可。

（二）数制与编码

1. 数制的概念

进位制：表示数时，仅用一位数码往往不够用，必须用进位计数的方法组成多位数码。多位数码每一位的构成以及从低位到高位的进位规则称为进位计数制，简称进位制。

基数：进位制的基数，就是在该进位制中可能用到的数码个数。

位权（位的权数）：在某一进位制的数中，每一位的大小都对应着该位上的数码乘上一个固定的数，这个固定的数就是这一位的权数。权数是一个幂。

2. 常见数制

十进制

数码为：0 ~ 9；基数是 10。

运算规律：逢十进一，即：$9 + 1 = 10$。

十进制数的权展开式：

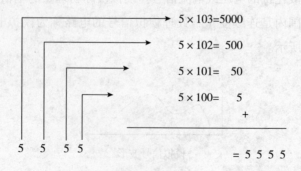

$$5 \times 10^3 = 5000$$
$$5 \times 10^2 = 500$$
$$5 \times 10^1 = 50$$
$$5 \times 10^0 = 5$$
$$+$$
$$= 5\ 5\ 5\ 5$$

10^3、10^2、10^1、10^0 称为十进制的权。各数位的权是 10 的幂。任意一个十进制数都可以表示为各个数位上的数码与其对应的权的乘积之和，称权展开式。即：

$$(5555)_{10} = 5 \times 10^3 + 5 \times 10^2 + 5 \times 10^1 + 5 \times 10^0$$

又如：$(209.04)_{10} = 2 \times 10^2 + 0 \times 10^1 + 9 \times 10^0 + 0 \times 10^{-1} + 4 \times 10^{-2}$。

二进制

数码为：0、1；基数是 2。

运算规律：逢二进一，即：$1 + 1 = 10$。

二进制数的权展开式：

如：$(101.01)_2 = 1 \times 2^2 + 0 \times 2^1 + 1 \times 2^0 + 0 \times 2^{-1} + 1 \times 2^{-2} = (5.25)_{10}$。

二进制数只有 0 和 1 两个数码，它的每一位都可以用电子元件来实现，且运算规则简单，相应的运算电路也容易实现。

运算规则：

加法规则：$0 + 0 = 0$，$0 + 1 = 1$，$1 + 0 = 1$，$1 + 1 = 10$

乘法规则：$0 \times 0 = 0$　$0 \times 1 = 0$　$1 \times 0 = 0$　$1 \times 1 = 1$

八进制

数码为：$0 \sim 7$；基数是 8。

运算规律：逢八进一，即：$7 + 1 = 10$。

八进制数的权展开式：

如：$(207.04)_{10} = 2 \times 8^2 + 0 \times 8^1 + 7 \times 8^0 + 0 \times 8^{-1} + 4 \times 8^{-2} = (135.0625)_{10}$。

十六进制

数码为：$0 \sim 9$、$A \sim F$；基数是 16。

运算规律：逢十六进一，即：$F + 1 = 10$。

十六进制数的权展开式：

如：$(D8.A)_{16} = 13 \times 16^1 + 8 \times 16^0 + 10 \times 16^{-1} = (216.625)_{10}$。

一般地，N 进制需要用到 N 个数码，基数是 N；运算规律为逢 N 进一。

如果一个 N 进制数 M 包含 n 位整数和 m 位小数，即：

$$(a_{n-1} a_{n-2} \cdots a_1 a_0 \cdot a_{-1} a_{-2} \cdots a_{-m})_2$$

则该数的权展开式为：

$$(M)_2 = a_{n-1} \times N^{n-1} + a_{n-2} \times N^{n-2} + \cdots + a_1 \times N^1 + a_0 \times N^0 + a_{-1} \times$$
$$N^{-1} + a_{-2} \times N^{-2} + \cdots + a_{-m} \times N^{-m}$$

由权展开式很容易将一个 N 进制数转换为十进制数。

几种进制数之间的对应关系如表 4 - 8 - 1 所示。

表 4 - 8 - 1　　　　　　　　　　　　　进制数之间的对应关系

十进制数	二进制数	八进制数	十六进制数
0	0000	0	0
1	0001	1	1
2	0010	2	2
3	0011	3	3
4	0100	4	4
5	0101	5	5
6	0110	6	6
7	0111	7	7
8	1000	10	8
9	1001	11	9
10	1010	12	A
11	1011	13	B
12	1100	14	C
13	1101	15	D
14	1110	16	E
15	1111	17	F

3. 数制转换

将 N 进制数按权展开，即可以转换为十进制数。

二进制数与八进制数的相互转换。

（1）二进制数转换为八进制数：将二进制数由小数点开始，整数部分向左，小数部分向右，每 3 位分成一组，不够 3 位补零，则每组二进制数便是一位八进制数。

【例】将 $(1101010.01)_2$ 转换成八进制

$$(001 \mid 101 \mid 010 \mid .010)_2 = (152.2)_8$$

（2）八进制数转换为二进制数：将每位八进制数用 3 位二进制数表示。

【例】将 $(374.26)_8$ 转换成二进制

$$(374.26)_8 = 011\ 111\ 100.010\ 110$$

二进制数与十六进制数的相互转换。

二进制数与十六进制数的相互转换，与二进制数与八进制数的相互转换类似，只是按照每 4 位二进制数对应于一位十六进制数进行转换。

【例】将 $(111010100.011)_2$ 转换为十六进制

$$0001 \mid 1101 \mid 0100 \mid .0110 = (1D4.6)_{16}$$

【例】 将（AF4.76）$_{16}$ 转换为二进制

$$AF4.76 = （1010\ 1111\ 0100\ .\ 0111\ 0110）_2$$

十进制数转换为二进制数

采用的方法 ——除基取余法、乘基取整法。

原理：将整数部分和小数部分分别进行转换。

整数部分采用除基取余法，小数部分采用乘基取整法。转换后再合并。

【例】 将（44.375）$_{10}$ 转换成二进制

整数部分采用除基取余法，先得到的余数为低位，后得到的余数为高位。

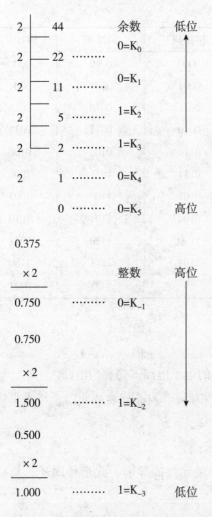

所以，（44.375）$_{10}$ = （101100.011）$_2$

采用除基取余法、乘基取整法，可将十进制数转换为任意的 N 进制数。

（三）编码

数字系统只能识别 0 和 1，怎样才能表示更多的数码、符号、字母呢？用编码可以解决此问题。用一定位数的二进制数来表示十进制数码、字母、符号等信息称为编码。用以表示十进制数码、字母、符号等信息的一定位数的二进制数称为代码。二—十进制代码：用 4 位二进制数 $b_3b_2b_1b_0$ 来表示十进制数中的 0~9 十个数码。简称 BCD 码。用四位自然二进制码中的前十个码字来表示十进制数码，因各位的权值依次为 8、4、2、1，故称 8421 BCD 码。2421 码的权值依次为 2、4、2、1；余 3 码由 8421 码加 0011 得到；格雷码是一种循环码，其特点是任何相邻的两个码字，仅有一位代码不同，其他位相同。常用 BCD 编码如表 4－8－2 所示。

表 4－8－2　　　　　　　　　　常用 BCD 码

十进制数	8421 码	余 3 码	格雷码	2421 码	5421 码
0	0000	0011	0000	0000	0000
1	0001	0100	0001	0001	0001
2	0010	0101	0011	0010	0010
3	0011	0110	0010	0011	0011
4	0100	0111	0110	0100	0100
5	0101	1000	0111	1011	1000
6	0110	1001	0101	1100	1001
7	0111	1010	0100	1101	1010
8	1000	1011	1100	1110	1011
9	1001	1100	1101	1111	1100
权	8421			2421	5421

二、逻辑门电路

逻辑门电路：用以实现基本和常用逻辑运算的电子电路。简称门电路。

基本和常用门电路有与门、或门、非门（反相器）、与非门、或非门、与或非门和异或门等。

逻辑 0 和 1：电子电路中用高、低电平来表示。

获得高、低电平的基本方法：利用半导体开关元件的导通、截止（即开、关）两种工作状态。

（一）基本逻辑关系及其门电路

1. 与逻辑和与门电路

当决定某事件的全部条件同时具备时，结果才会发生，这种因果关系叫做与逻辑。实现与逻辑关系的电路称为与门。

与运算

如图 4 - 8 - 3 电路所示，当 A、B 输入不同时，F 输出不同。

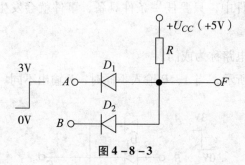

图 4 - 8 - 3

表 4 - 8 - 3

$u_A\ u_B$	u_F	$D_1\ D_2$
0V		导通
0V		导通
0V	0V	导通
3V	0V	截止
3V	0V	截止
0V	3V	导通
3V		截止
3V		截止

用 $F = AB$ 表示逻辑与

符号为： $\begin{matrix} A \\ B \end{matrix}$ —[&]— F

与逻辑的真值表如表 4 - 8 - 4 所示。

表 4 - 8 - 4　　　　　　　　与逻辑真值表

A	B	F
0	0	0
0	1	0
1	0	0
1	1	1

逻辑与（逻辑乘）的运算规则为：

$$0 \cdot 0 = 0 \quad 0 \cdot 1 = 0 \quad 1 \cdot 0 = 0 \quad 1 \cdot 1 = 1$$

与门逻辑功能可以概括为：输入有 0，输出为 0，输入全 1，输出为 1。

2. 或逻辑和或门电路

在决定某事件的条件中，只要任一条件具备，事件就会发生，这种因果关系叫做或逻辑。

实现或逻辑关系的电路称为或门。

如图 4 - 8 - 4 电路所示，当 A、B 输入不同时，F 输出不同。

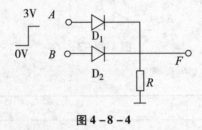

图 4 - 8 - 4

表 4 - 8 - 5

$u_A\ u_B$	u_F	$D_1\ D_2$
0V 0V	0V	截止 截止
0V 3V	3V	截止 导通
3V 0V	3V	导通 截止
3V 3V	3V	导通 导通

或逻辑真值表为：

表 4 - 8 - 6　　　　　　　　或逻辑真值表

A	B	F
0	0	0
0	1	1
1	0	1
1	1	1

用 $F = A + B$ 表示逻辑或

符号为：
A
B ≥1 —F

逻辑或（逻辑加）的运算规则为：

$$0 + 0 = 0 \quad 0 + 1 = 0 \quad 1 + 0 = 0 \quad 1 + 1 = 1$$

或门的逻辑功能可以概括为：输入有 1，输出为 1，输入全 0，输出为 0。

3. 非逻辑和非门电路

决定某事件的条件只有一个，当条件出现时事件不发生，而条件不出现时，事件发生，这种因果关系叫做非逻辑。

实现非逻辑关系的电路称为非门，也称反向器。

如图 4 - 8 - 5 电路所示，当 A 输入不同时，F 输出不同。

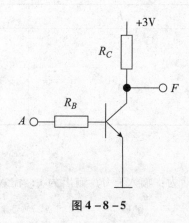

图 4 - 8 - 5

非逻辑的真值表为：

表 4 - 8 - 7   非逻辑真值表

A	F
0	1
1	0

用 $F = \overline{A}$ 表示逻辑非

符号为：$A \circ\!\!-\!\boxed{1}\!-\!\circ F$

输入 A 为高电平 1（3V）时，三极管饱和导通，输出 F 为低电平 0（0V）；输入 A 为低电平 0（0V）时，三极管截止，输出 F 为高电平 1（3V）。

逻辑非（逻辑反）的运算规则为：$\overline{0} = 1$ $\overline{1} = 0$

4. 复合门电路

将与门、或门、非门组合起来，可以构成多种复合门电路。

（1）与非门

由与门和非门构成与非门。

与非门的构成：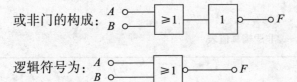

逻辑符号为：

与非门的真值表：

表 4 - 8 - 8   与非门真值表

A	B	F
0	0	1
0	1	1
1	0	1
1	1	0

用 $F = \overline{AB}$ 表示与非逻辑

与非门的逻辑功能可概括为：输入有 0，输出为 1；输入全 1，输出为 0。

（2）或非门

由或门和非门构成或非门。

或非门的构成：

逻辑符号为：

或非门真值表：

表 4 - 8 - 9   或非门真值表

A	B	F
0	0	1
0	1	0
1	0	0
1	1	0

用 $F = \overline{A + B}$ 表示与非逻辑。

或非门的逻辑功能可概括为：输入有 1，输出为 0；输入全 0，输出为 1。

（二）逻辑函数及其化简

将门电路按照一定的规律连接起来，可以组成具有各种逻辑功能的逻辑电路。分析和设计逻辑电路的数学工具是逻辑代数（又叫布尔代数或开关代数）。逻辑代数具有3 种基本运算：与运算（逻辑乘）、或运算（逻辑加）和非运算（逻辑非）。

1. 逻辑代数的公式和定理

（1）常量之间的关系

与运算：$0 \cdot 0 = 0 \quad 0 \cdot 1 = 0 \quad 1 \cdot 0 = 0 \quad 1 \cdot 1 = 1$

或运算：$0 + 0 = 0 \quad 0 + 1 = 1 \quad 1 + 0 = 1 \quad 1 + 1 = 1$

非运算：$\overline{1} = 0 \quad \overline{0} = 1$

（2）基本运算

与运算：$A \cdot 0 = 0 \quad A \cdot 1 = A \quad A \cdot A = A \quad A \cdot \overline{A} = 0$

或运算：$A + 0 = A \quad A + 1 = 1 \quad A + A = A \quad A + \overline{A} = 1$

非运算：$\overline{\overline{A}} = A$

分别令 $A = 0$ 及 $A = 1$ 代入这些公式，即可证明它们的正确性。

（3）基本定理

交换律：$\begin{cases} A \cdot B = B \cdot A \\ A + B = B + A \end{cases}$

结合律：$\begin{cases} (A \cdot B) \cdot C = A \cdot (B \cdot C) \\ (A + B) + C = A + (B + C) \end{cases}$

分配律：$\begin{cases} A \cdot (B + C) = A \cdot B + A \cdot C \\ A + B \cdot C = (A + B) \cdot (A + C) \end{cases}$

反演律（摩根定律）：$\begin{cases} \overline{A \cdot B} = \overline{A} + \overline{B} \\ \overline{A + B} = \overline{A} \cdot \overline{B} \end{cases}$

吸收律：$\begin{cases} A \cdot B + A \cdot \overline{B} = A \\ (A + B) \cdot (A + \overline{B}) = A \end{cases} \quad \begin{cases} A + A \cdot B = A \\ A \cdot (A + B) = A \end{cases} \quad \begin{cases} A \cdot (\overline{A} + B) = A \cdot B \\ A + \overline{A} \cdot B = A + B \end{cases}$

2. 逻辑函数的表示方法

逻辑函数的表示形式有：真值表、逻辑表达式、卡诺图、逻辑图等。只要知道其中一种表示形式，就可转换为其他几种表示形式。

（1）真值表

真值表：是由变量的所有可能取值组合及其对应的函数值所构成的表格。

真值表列写方法：每一个变量均有 0、1 两种取值，n 个变量共有 2^n 种不同的取值，将这 2^n 种不同的取值按顺序（一般按二进制递增规律）排列起来，同时在相应位置上填入函数的值，便可得到逻辑函数的真值表。

例如：表 4－8－10 中所示含义为当 A、B 取值相同时，函数值为 0；否则，函数取值为1。

表 4 - 8 - 10 真值表

A	B	F
0	0	0
0	1	1
1	0	1
1	1	0

（2）逻辑表达式

逻辑表达式：是由逻辑变量和与、或、非3种运算符连接起来所构成的式子。

表达式列写方法：将那些使函数值为1的各个状态表示成全部变量（值为1的表示成原变量，值为0的表示成反变量）的与项（例如 $A=0$、$B=1$ 时函数 F 的值为1，则对应的与项为 $\bar{A}B$）以后相加，即得到函数的与或表达式。

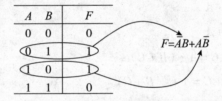

（3）逻辑图

逻辑图：是由表示逻辑运算的逻辑符号所构成的图形。

例如：$F = AB + BC$ 用逻辑图表示为

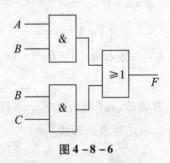

图 4 - 8 - 6

（三）逻辑函数的化简

逻辑函数化简的意义：逻辑表达式越简单，实现它的电路越简单，电路工作越稳定可靠。

利用公式 $A + \bar{A} = 1$，将两项合并为一项，并消去一个变量。

若两个乘积项中分别包含同一个因子的原变量和反变量，而其他因子都相同时，则这两项可以合并成一项，并消去互为反变量的因子。

【例】

$$Y_1 = ABC + \bar{A}BC + B\bar{C} = (A + \bar{A})BC + B\bar{C}$$

$$= BC + B\bar{C} = B(C + \bar{C}) = B$$

$$Y_2 = ABC + A\bar{B} + A\bar{C} = ABC + A(\bar{B} + \bar{C})$$

$$= ABC + A\overline{BC} = A(BC + \overline{BC}) = A$$

利用公式 $A + AB = A$，消去多余的项。

如果乘积项是另外一个乘积项的因子，则这另外一个乘积项是多余的。

【例】

$$Y_1 = \bar{A}B + \bar{A}BCD(E + F) = \bar{A}B$$

$$Y_2 = A + \bar{B} + \overline{\overline{CD}} + \overline{\overline{ADB}} = A + BCD + AD + B$$

$$= (A + AD) + (B + BCD) = A + B$$

利用公式 $A + \bar{A}B = A + B$，消去多余的变量。

如果一个乘积项的反是另一个乘积项的因子，则这个因子是多余的。

【例】

$$Y = AB + \bar{A}C + \bar{B}C$$

$$= AB + (\bar{A} + \bar{B})C$$

$$= AB + \overline{AB}C$$

$$= AB + C$$

$$Y = A\bar{B} + C + \bar{A}\bar{C}D + B\bar{C}D$$

$$= A\bar{B} + C + \bar{C}(\bar{A} + B)D$$

$$= A\bar{B} + C + (\bar{A} + B)D$$

$$= A\bar{B} + C + A\bar{B}D$$

$$= A\bar{B} + C + D$$

利用公式 $A = A(B + \bar{B})$，为某一项配上其所缺的变量，以便用其他方法进行化简。

【例】

$$Y = A\bar{B} + B\bar{C} + \bar{B}C + \bar{A}B$$

$$= A\bar{B} + B\bar{C} + (A + \bar{A})\bar{B}C + \bar{A}B(C + \bar{C})$$

$$= A\bar{B} + B\bar{C} + A\bar{B}C + \bar{A}\bar{B}C + \bar{A}BC + \bar{A}B\bar{C}$$

$$= A\bar{B}(1 + C) + B\bar{C}(1 + \bar{A}) + \bar{A}C(\bar{B} + B)$$

$$= A\bar{B} + B\bar{C} + \bar{A}C$$

利用公式 $A + A = A$，为某项配上其所能合并的项。

【例】

$$Y = ABC + AB\overline{C} + A\overline{B}C + \overline{A}BC$$

$$= (ABC + AB\overline{C}) + (ABC + A\overline{B}C) + (ABC + \overline{A}BC)$$

$$= AB + AC + BC$$

第九节　组合逻辑电路

一、组合逻辑分析

组合逻辑电路：输出仅由输入决定，与电路当前状态无关；电路结构中无反馈环路（无记忆）。

【例】如图 4 - 9 - 1 所示，试分析逻辑电路。

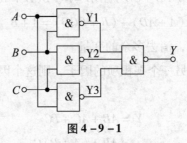

图 4 - 9 - 1

分析：

$$Y_1 = \overline{AB} \quad Y_2 = \overline{BC} \quad Y_3 = \overline{CA}$$

$$Y = \overline{Y_1 Y_2 Y_3} = \overline{\overline{AB}\ \overline{BC}\ \overline{AC}}$$

化简得：$Y = AB + BC + CA$

列真值表：

表 4 - 9 - 1

A	B	C	Y
0	0	0	0
0	0	1	0
0	1	0	0
0	1	1	1
1	0	0	0
1	0	1	1
1	1	0	1
1	1	1	1

分析：当输入 A、B、C 中有 2 个或 3 个为 1 时，输出 Y 为 1，否则输出 Y 为 0。所以这个电路实际上是一种 3 人表决用的组合电路：只要有 2 票或 3 票同意，表决就通过。

【例】试分析如图 4-9-2 所示逻辑电路。

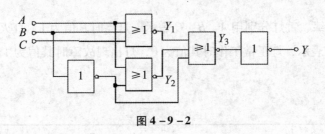

图 4-9-2

逻辑表达式：

$$Y_1 = \overline{A + B + C}$$
$$Y_2 = \overline{A + \overline{B}}$$
$$Y_3 = \overline{X + Y + \overline{\overline{B}}}$$

$$Y = \overline{Y_3} = Y_1 + Y_2 + \overline{B} = \overline{A + B + C} + \overline{A + \overline{B}} + \overline{B}$$

化简得：$Y = \overline{A}\,\overline{B}\overline{C} + \overline{A}B + \overline{B} = \overline{A}B + \overline{B} = \overline{A} + \overline{B}$

列真值表：

表 4-9-2

A	B	C	Y
0	0	0	1
0	0	1	1
0	1	0	1
0	1	1	1
1	0	0	1
1	0	1	1
1	1	0	0
1	1	1	0

分析：电路的输出 Y 只与输入 A、B 有关，而与输入 C 无关。Y 和 A、B 的逻辑关系为：A、B 中只要一个为 0，$Y = 1$；A、B 全为 1 时，$Y = 0$。所以 Y 和 A、B 的逻辑关系为与非运算的关系。

二、组合逻辑电路的设计

【例】用与非门设计一个交通报警控制电路。交通信号灯有红、绿、黄3种，3种灯分别单独工作或黄、绿灯同时工作时属正常情况，其他情况均属故障，出现故障时输出报警信号。

解：设红、绿、黄灯分别用 A、B、C 表示，灯亮时其值为1，灯灭时其值为0；输出报警信号用 F 表示，灯正常工作时其值为0，灯出现故障时其值为1。根据逻辑要求列出真值表。

表 4 – 9 – 3

A	B	C	F	A	B	C	F
0	0	0	1	1	0	0	0
0	1	0	0	1	0	1	1
0	0	1	0	1	1	0	1
0	1	1	0	1	1	1	1

逻辑表达式：
$$F = \bar{A}\,\bar{B}\bar{C} + A\bar{B}C + AB\bar{C} + ABC$$
$$F = \bar{A}\,\bar{B}\bar{C} + ABC + AB\bar{C} + ABC + A\bar{B}C$$
$$= \bar{A}\,\bar{B}\bar{C} + AB\,(C + \bar{C})\ + AC\,(B + \bar{B})$$
$$= \bar{A}\,\bar{B}\bar{C} + AB + AC$$

化简得：$F = \overline{\overline{\bar{A}\,\bar{B}\bar{C}}\ \overline{AB}\,\overline{AC}}$

根据化简逻辑表达式画出逻辑电路图如图 4 – 9 – 3 所示。

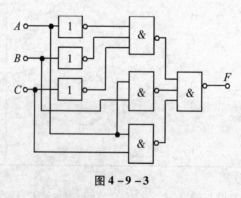

图 4 – 9 – 3

三、常见组合逻辑电路

（一）半加器

能对两个1位二进制数进行相加而求得和及进位的逻辑电路称为半加器。

表4-9-4　　　　　　　　　　　半加器真值表

A_i	B_i	S_i	C_i
0	0	0	0
0	1	1	0
1	0	1	0
1	1	0	1

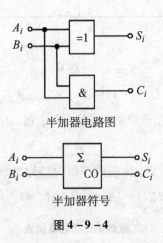

半加器电路图

半加器符号

图4-9-4

半加器逻辑表达式：

$$S_i = \bar{A}_i B_i + A_i \bar{B}_i = A_i \oplus B_i$$

$$C_i = A_i B_i$$

其中：S_i 表示本位的和；C_i 表示向高位的进位；A_i 和 B_i 表示加数。

（二）全加器

能对两个 1 位二进制数进行相加并考虑低位来的进位，即相当于 3 个 1 位二进制数相加，求得和及进位的逻辑电路称为全加器。

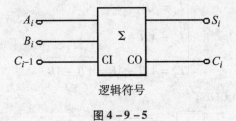

逻辑符号

图4-9-5

表4-9-5

A_i	B_i	C_{i-1}	S_i	C_i
0	0	0	0	0
0	1	0	1	0

续 表

A_i	B_i	C_{i-1}	S_i	C_i
0	0	1	1	0
0	1	1	0	1
1	0	0	1	0
1	1	0	0	1
1	0	1	0	1
1	1	1	1	1

全加器逻辑表达式：

$$S_i = A_i \oplus B_i \oplus C_{i-1}$$

$$C_i = (A_i \oplus B_i) \ C_{i-1} + A_i B_i$$

A_i 和 B_i 表示加数，C_{i-1} 表示低位来的进位，S_i 表示本位的和，C_i 表示向高位的进位。

（三）数值比较器

用来完成两个二进制数的大小比较的逻辑电路称为数值比较器。

设 $A > B$ 时 $L_1 = 1$；$A < B$ 时 $L_2 = 1$；$A = B$ 时 $L_3 = 1$。得 1 位数值比较器的真值表。

表 4 – 9 – 6　　　　　　　　　　**1 位数值比较器真值表**

A	B	$L_1 \ (A > B)$	$L_2 \ (A < B)$	$L_3 \ (A = B)$
0	0	0	0	1
0	1	0	1	0
1	0	1	0	0
1	1	0	0	1

逻辑表达式为：

$$\begin{cases} L_1 = A\bar{B} \\ L_2 = \bar{A}B \\ L_3 = \bar{A}\,\bar{B} + AB = \overline{\bar{A}B + A\bar{B}} \end{cases}$$

逻辑图如图 4 – 9 – 6 所示：

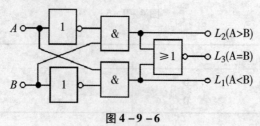

图 4 – 9 – 6

（四）编码器

实现编码操作的电路称为编码器。

1.3 位二进制编码器

真值表如表4－9－7所示。

表4－9－7　　　　　　　　　　　　3位二进制编码器真值表

输　入	输　出		
	Y_2	Y_1	Y_0
I_0	0	0	0
I_1	0	1	0
I_2	0	0	1
I_3	0	1	1
I_4	1	0	0
I_5	1	1	0
I_6	1	0	0
I_7	1	1	1

逻辑表达式：

$$Y_2 = I_4 + I_5 + I_6 + I_7 = \overline{\overline{I_4}\ \overline{I_5}\ \overline{I_6}\ \overline{I_7}}$$

$$Y_1 = I_2 + I_3 + I_6 + I_7 = \overline{\overline{I_2}\ \overline{I_3}\ \overline{I_6}\ \overline{I_7}}$$

$$Y_0 = I_1 + I_3 + I_5 + I_7 = \overline{\overline{I_1}\ \overline{I_3}\ \overline{I_5}\ \overline{I_7}}$$

逻辑图如图4－9－7所示。

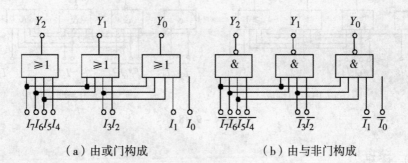

（a）由或门构成　　　　　　（b）由与非门构成

图4－9－7

2.8421 码编码器

真值表如表4－9－8所示。

表 4 – 9 – 8   8421 码编码器（输入 10 个互斥的数码输出 4 位二进制代码）

输　入	输　出			
I	Y_3	Y_2	Y_1	Y_0
0（I_0）	0	0	0	0
1（I_1）	0	0	0	1
2（I_2）	0	0	1	0
3（I_3）	0	0	1	1
4（I_4）	0	1	0	0
5（I_5）	0	1	0	1
6（I_6）	0	1	1	0
7（I_7）	0	1	1	1
8（I_8）	1	0	0	0
9（I_9）	1	0	0	1

逻辑表达式：

$$Y_3 = I_8 + I_9 = \overline{\overline{I_8}\,\overline{I_9}}$$

$$Y_2 = I_4 + I_5 + I_6 + I_7 = \overline{\overline{I_4}\,\overline{I_5}\,\overline{I_6}\,\overline{I_7}}$$

$$Y_1 = I_2 + I_3 + I_6 + I_7 = \overline{\overline{I_2}\,\overline{I_3}\,\overline{I_6}\,\overline{I_7}}$$

$$Y_0 = I_1 + I_3 + I_5 + I_7 + I_9 = \overline{\overline{I_1}\,\overline{I_3}\,\overline{I_5}\,\overline{I_7}\,\overline{I_9}}$$

逻辑图如图 4 – 9 – 8 所示。

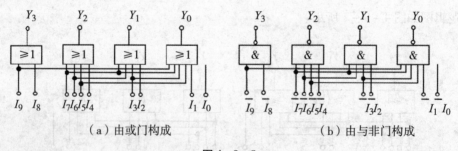

（a）由或门构成　　　　　　（b）由与非门构成

图 4 – 9 – 8

（五）译码器

把代码状态的特定含义翻译出来的过程称为译码，实现译码操作的电路称为译码器。译码器就是把一种代码转换为另一种代码的电路。

1.3 位二进制译码器

真值表如表 4 – 9 – 9 所示。

表 4 – 9 – 9　　3 位二进制译码器真值表（输入：3 位二进制代码 输出：8 个互斥的信号）

A_2	A_1	A_0	Y_0	Y_1	Y_2	Y_3	Y_4	Y_5	Y_6	Y_7
0	0	0	1	0	0	0	0	0	0	0
0	0	1	0	1	0	0	0	0	0	0
0	1	0	0	0	1	0	0	0	0	0
0	1	1	0	0	0	1	0	0	0	0
1	0	0	0	0	0	0	1	0	0	0
1	0	1	0	0	0	0	0	1	0	0
1	1	0	0	0	0	0	0	0	1	0
1	1	1	0	0	0	0	0	0	0	1

逻辑表达式：

$$
\begin{cases}
Y_0 = \bar{A}_2\bar{A}_1\bar{A}_0 \\
Y_1 = \bar{A}_2\bar{A}_1 A_0 \\
Y_2 = \bar{A}_2 A_1 \bar{A}_0 \\
Y_3 = \bar{A}_2 A_1 A_0 \\
Y_4 = A_2 \bar{A}_1 \bar{A}_0 \\
Y_5 = A_2 \bar{A}_1 A_0 \\
Y_6 = A_2 A_1 \bar{A}_0 \\
Y_7 = A_2 A_1 A_0
\end{cases}
$$

逻辑图如图 4 – 9 – 9 所示。

2. 8421 码译码器

把二—十进制代码翻译成 10 个十进制数字信号的电路，称为二—十进制译码器。

二—十进制译码器的输入是十进制数的 4 位二进制编码（BCD 码），分别用 A_3、

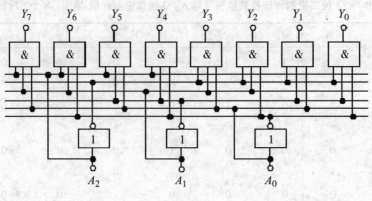

图 4 – 9 – 9

A_2、A_1、A_0 表示；输出的是与 10 个十进制数字相对应的 10 个信号，用 $Y_9 \sim Y_0$ 表示。由于二—十进制译码器有 4 根输入线，10 根输出线，所以又称为 4 线 ~ 10 线译码器。

真值表如表 4 – 9 – 10 所示。

逻辑表达式：

$$Y_0 = \bar{A}_3\bar{A}_2\bar{A}_1\bar{A}_0 \quad Y_1 = \bar{A}_3\bar{A}_2\bar{A}_1 A_0 \quad Y_2 = \bar{A}_3\bar{A}_2 A_1\bar{A}_0 \quad Y_3 = \bar{A}_3\bar{A}_2 A_1 A_0$$

$$Y_4 = \bar{A}_3 A_2\bar{A}_1\bar{A}_0 \quad Y_5 = \bar{A}_3 A_2\bar{A}_1 A_0 \quad Y_6 = \bar{A}_3 A_2 A_1\bar{A}_0 \quad Y_7 = \bar{A}_3 A_2 A_1 A_0$$

$$Y_8 = A_3\bar{A}_2\bar{A}_1\bar{A}_0 \quad Y_9 = A_3\bar{A}_2\bar{A}_1 A_0$$

逻辑图如图 4 – 9 – 10 所示。

表 4 – 9 – 10　　　　　　　　　　4 线 ~ 10 线译码器真值表

A_3	A_2	A_1	A_0	Y_9	Y_8	Y_7	Y_6	Y_5	Y_4	Y_3	Y_2	Y_1	Y_0
0	0	0	0	0	0	0	0	0	0	0	0	0	1
0	0	0	1	0	0	0	0	0	0	0	0	1	0
0	0	1	0	0	0	0	0	0	0	0	1	0	0
0	0	1	1	0	0	0	0	0	0	1	0	0	0
0	1	0	0	0	0	0	0	0	1	0	0	0	0
0	1	0	1	0	0	0	0	1	0	0	0	0	0
0	1	1	0	0	0	0	1	0	0	0	0	0	0
0	1	1	1	0	0	1	0	0	0	0	0	0	0
1	0	0	0	0	1	0	0	0	0	0	0	0	0
1	0	0	1	1	0	0	0	0	0	0	0	0	0

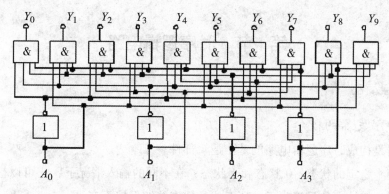

图 4-9-10

3. 显示译码器

用来驱动各种显示器件，从而将用二进制代码表示的数字、文字、符号翻译成人们习惯的形式直观地显示出来的电路，称为显示译码器。

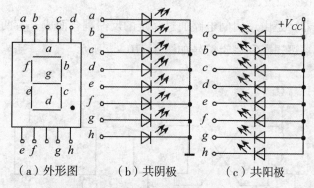

（a）外形图　　　（b）共阴极　　　（c）共阳极

图 4-9-11　数码显示器

表 4-9-11　　　　　　　　显示译码器真值表（仅适用于共阴极 LED）

输　入				输　出							显示字形
A_3	A_2	A_1	A_0	a	b	c	d	e	f	g	
0	0	0	0	1	1	1	1	1	1	0	0
0	0	0	1	0	1	1	0	0	0	0	1
0	0	1	0	1	1	0	1	1	0	1	2
0	0	1	1	1	1	1	1	0	0	1	3
0	1	0	0	0	1	1	0	0	1	1	4
0	1	0	1	1	0	1	1	0	1	1	5
0	1	1	0	0	0	1	1	1	1	1	6
0	1	1	1	1	1	1	0	0	0	0	7
1	0	0	0	1	1	1	1	1	1	1	8
1	0	0	1	1	1	1	0	0	1	1	9

— 185 —

第十节　时序逻辑电路

一、触发器

（一）触发器的概念

触发器是构成时序逻辑电路的基本逻辑部件。

它有两个稳定的状态：0 状态和 1 状态；在不同的输入情况下，它可以被置成 0 状态或 1 状态；当输入信号消失后，所置成的状态能够保持不变。

所以，触发器可以记忆 1 位二值信号。根据逻辑功能的不同，触发器可以分为 RS 触发器、D 触发器、JK 触发器、T 和 T′触发器；按照结构形式的不同，又可分为基本 RS 触发器、同步触发器、主从触发器和边沿触发器。

（二）基本 RS 触发器

基本 RS 触发器，是由逻辑门电路通过一定的反馈耦合而成，有两个互补的输出。

基本 RS 触发器逻辑图和逻辑符号如图 4 - 10 - 1 所示。

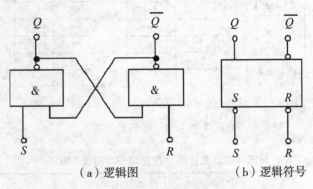

（a）逻辑图　　　　　（b）逻辑符号

图 4 - 10 - 1

工作原理：

（1）$R=0$、$S=1$ 时：由于 $R=0$，不论原来 Q 为 0 还是 1，都有 $\overline{Q}=1$；再由 $S=1$、$\overline{Q}=1$ 可得 $Q=0$。即不论触发器原来处于什么状态都将变成 0 状态，这种情况称将触发器置 0 或复位。R 端称为触发器的置 0 端或复位端。

（2）$R=1$、$S=0$ 时：由于 $S=0$，不论原来 Q 为 0 还是 1，都有 $Q=1$；再由 $R=1$、$Q=1$ 可得 $\overline{Q}=0$。即不论触发器原来处于什么状态都将变成 1 状态，这种情况称将触发器置 1 或置位。S 端称为触发器的置 1 端或置位端。

（3）$R=1$、$S=1$ 时：根据与非门的逻辑功能不难推知，触发器保持原有状态不变，即原来的状态被触发器存储起来，这体现了触发器具有记忆能力。

（4）$R = 0$、$S = 0$ 时：$Q = \overline{Q} = 1$，不符合触发器的逻辑关系。并且由于与非门延迟时间不可能完全相等，在两输入端的 0 同时撤除后，将不能确定触发器是处于 1 状态还是 0 状态。所以触发器不允许出现这种情况，这就是基本 RS 触发器的约束条件。

功能表如表 4 − 10 − 1 所示。

表 4 − 10 − 1　　　　　　　　　　　　基本 RS 触发器状态表

R	S	Q	功能
0	0	不定	不允许
0	1	0	置0
1	0	1	置1
1	1	不变	保持

基本 RS 触发器的特点：

（1）触发器的次态不仅与输入信号状态有关，而且与触发器的现态有关。

（2）电路具有两个稳定状态，在无外来触发信号作用时，电路将保持原状态不变。

（3）在外加触发信号有效时，电路可以触发翻转，实现置 0 或置 1。

（4）在稳定状态下两个输出端的状态和必须是互补关系，即有约束条件。

在数字电路中，凡根据输入信号 R、S 情况的不同，具有置 0、置 1 和保持功能的电路，都称为 RS 触发器。

（三）同步 RS 触发器

在数字系统中，为协调各部分的工作状态，常常要求某些触发器在同一时刻动作，这样输出状态受输入信号直接控制的基本触发器就不适用了。为此，必须引入同步信号，使触发器只有在同步信号到达时才根据输入信号改变状态。由同步信号控制的触发器称为同步触发器。

同步 RS 触发器电路如图 4 − 10 − 2 所示。

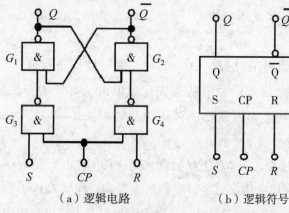

（a）逻辑电路　　　　　（b）逻辑符号

图 4 − 10 − 2

CP = 0 时，$R' = S' = 1$，触发器保持原来状态不变。

CP = 1 时，工作情况与基本 RS 触发器相同。

功能表如表 4 – 10 – 2 所示。

表 4 – 10 – 2　　　　　　　　　　同步 RS 触发器功能表

CP	R	S	Q^{n+1}	功能
0	×	×	Q^n	保持
1	0	0	Q^n	保持
1	0	1	1	置1
1	1	0	0	置0
1	1	1	不定	不允许

主要特点：

（1）时钟电平控制。在 CP = 1 期间接收输入信号，CP = 0 时状态保持不变，与基本 RS 触发器相比，对触发器状态的转变增加了时间控制。

（2）R、S 之间有约束。不能允许出现 R 和 S 同时为 1 的情况，否则会使触发器处于不确定的状态。

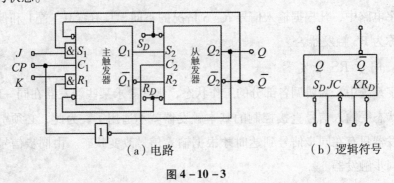

（a）电路　　　　　　　　　　（b）逻辑符号

图 4 – 10 – 3

（四）主从 JK 触发器

工作原理：

（1）接收输入信号的过程。CP = 1 时，主触发器被打开，可以接收输入信号 J、K，其输出状态由输入信号的状态决定。但由于 CP = 0，从触发器被封锁，无论主触发器的输出状态如何变化，对从触发器均无影响，即触发器的输出状态保持不变。

（2）输出信号过程。当 CP 下降沿到来时，即 CP 由 1 变为 0 时，主触发器被封锁，无论输入信号如何变化，对主触发器均无影响，即在 CP = 1 期间接收的内容被存储起来。同时，由于 CP 由 0 变为 1，从触发器被打开，可以接收由主触发器送来的信号，其输出状态由主触发器的输出状态决定。在 $CP=0$ 期间，由于主触发器保持状态不变，因此受其控制的从触发器的状态也即 Q、Q 的值当然不可能改变。

逻辑功能分析：

（1）$J=0$、$K=0$。设触发器的初始状态为 0，此时主触发器的 $R_1=KQ=0$、$S_1=J\overline{Q}=0$，在 $CP=1$ 时主触发器状态保持 0 状态不变；当 CP 从 1 变 0 时，由于从触发器的 $R_2=1$、$S_2=0$，也保持为 0 状态不变。如果触发器的初始状态为 1，当 CP 从 1 变 0 时，触发器则保持 1 状态不变。可见不论触发器原来的状态如何，当 $J=K=0$ 时，触发器的状态均保持不变，即 $Q^{n+1}=Q^n$。

（2）$J=0$、$K=1$。设触发器的初始状态为 0，此时主触发器的 $R_1=0$、$S_1=0$，在 $CP=1$ 时主触发器保持为 0 状态不变；当 CP 从 1 变 0 时，由于从触发器的 $R_2=1$、$S_2=0$，从触发器也保持为 0 状态不变。如果触发器的初始状态为 1，则由于 $R_1=1$、$S_1=0$，在 $CP=1$ 时将主触发器翻转为 0 状态；当 CP 从 1 变 0 时，由于从触发器的 $R_2=1$、$S_2=0$，从触发器状态也翻转为 0 状态。可见不论触发器原来的状态如何，当 $J=0$、$K=1$ 时，输入 CP 脉冲后，触发器的状态均为 0 状态，即 $Q^{n+1}=0$。

（3）$J=1$、$K=0$。设触发器的初始状态为 0，此时主触发器的 $R_1=0$、$S_1=1$，在 $CP=1$ 时主触发器翻转为 1 状态；当 CP 从 1 变 0 时，由于从触发器的 $R_2=0$、$S_2=1$，故从触发器也翻转为 1 状态。如果触发器的初始状态为 1，则由于 $R_1=0$、$S_1=0$，在 $CP=1$ 时主触发器状态保持 1 状态不变；当 CP 从 1 变 0 时，由于从触发器的 $R_2=0$、$S_2=1$，从触发器状态也保持 0 状态不变。可见不论触发器原来的状态如何，当 $J=1$、$K=0$ 时，输入 CP 脉冲后，触发器的状态均为 1 状态，即 $Q^{n+1}=1$。

（4）$J=1$、$K=1$。设触发器的初始状态为 0，此时主触发器的 $R_1=0$、$S_1=1$，在 $CP=1$ 时主触发器翻转为 1 状态；当 CP 从 1 变 0 时，由于从触发器的 $R_2=0$、$S_2=1$，故从触发器也翻转为 1 状态。如果触发器的初始状态为 1，则由于 $R_1=1$、$S_1=0$，在 $CP=1$ 时将主触发器翻转为 0 状态；当 CP 从 1 变 0 时，由于从触发器的 $R_2=1$、$S_2=0$，故从触发器也翻转为 0 状态。可见当 $J=K=1$ 时，输入 CP 脉冲后，触发器状态必定与原来的状态相反，即 $Q^{n+1}=\overline{Q}^n$。由于每来一个 CP 脉冲触发器状态翻转一次，故这种情况下触发器具有计数功能。

二、寄存器

在数字电路中，用来存放二进制数据或代码的电路称为寄存器。寄存器是由具有存储功能的触发器组合起来构成的。一个触发器可以存储 1 位二进制代码，存放 n 位二进制代码的寄存器，需用 n 个触发器来构成。按照功能的不同，可将寄存器分为数码寄存器和移位寄存器两大类。数码寄存器只能并行送入数据，需要时也只能并行输出。移位寄存器中的数据可以在移位脉冲作用下依次逐位右移或左移，数据既可以并行输入、并行输出，也可以串行输入、串行输出，还可以并行输入、串行输出，串行输入、并行输出，十分灵活，用途也很广。

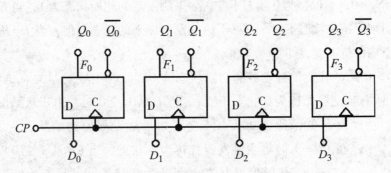

图 4 – 10 – 4

（一）数码寄存器

无论寄存器中原来的内容是什么，只要送数控制时钟脉冲 CP 上升沿到来，加在并行数据输入端的数据 $D_0 \sim D_3$，就立即被送入进寄存器中，即有：

$$Q_3^{n+1} Q_2^{n+1} Q_1^{n+1} Q_0^{n+1} = D_3 D_2 D_1 D_0$$

（二）移位寄存器

1. 4 位右移移位寄存器

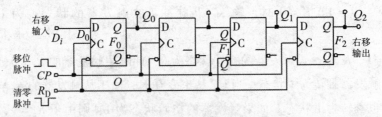

图 4 – 10 – 5

在存数操作之前，先用 RD（负脉冲）将各个触发器清零。当出现第 1 个移位脉冲时，待存数码的最高位和 4 个触发器的数码同时右移 1 位，即待存数码的最高位存入 Q_0，而寄存器原来所存数码的最高位从 Q_3 输出；出现第 2 个移位脉冲时，待存数码的次高位和寄存器中的 4 位数码又同时右移 1 位。依此类推，在 4 个移位脉冲作用下，寄存器中的 4 位数码同时右移 4 次，待存的 4 位数码便可存入寄存器。状态表如表 4 – 10 – 3 所示。

表 4 – 10 – 3   **4 位右移移位寄存器状态**

输入		现态				次态				说明
D_i	CP	Q_0^n	Q_1^n	Q_2^n	Q_3^n	Q_0^{n+1}	Q_1^{n+1}	Q_2^{n+1}	Q_3^{n+1}	
1	↑	0	0	0	0	1	0	0	0	
1	↑	1	0	0	0	1	1	0	0	连续输入
1	↑	1	1	0	0	1	1	1	0	4 个 1
1	↑	1	1	1	0	1	1	1	1	

2. 4 位左移移位寄存器

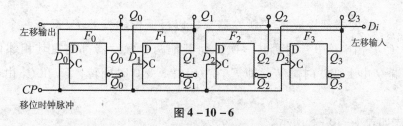

图 4 – 10 – 6

表 4 – 10 – 4   **4 位左移移位寄存器状态**

输入		现态				次态				说明
D_i	CP	Q_0^n	Q_1^n	Q_2^n	Q_3^n	Q_0^{n+1}	Q_1^{n+1}	Q_2^{n+1}	Q_3^{n+1}	
1	↑	0	0	0	0	0	0	0	1	
1	↑	1	0	0	0	0	0	1	1	连续输入
1	↑	1	1	0	0	0	1	1	1	4 个 1
1	↑	1	1	1	0	1	1	1	1	

三、计数器

能够记忆输入脉冲个数的电路称为计数器。

分类：

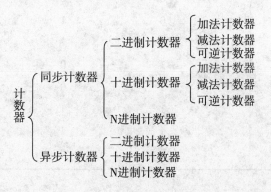

（一）异步二进制计数器

工作原理如图 4 - 10 - 7 所示。

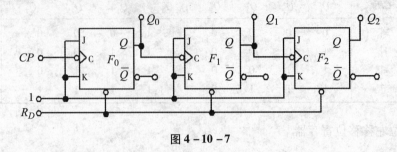

图 4 - 10 - 7

由于 3 个触发器都接成了 T' 触发器，所以最低位触发器 F_0 每来一个时钟脉冲的下降沿（CP 由 1 变 0）时翻转一次，而其他两个触发器都是在其相邻低位触发器的输出端 Q 由 1 变 0 时翻转，即 F_1 在 Q_0 由 1 变 0 时翻转，F_2 在 Q_1 由 1 变 0 时翻转。

状态表如表 4 - 10 - 5 所示。

从状态表可以看出，从状态 000 开始，每来一个计数脉冲，计数器中的数值便加 1，输入 8 个计数脉冲时，就计满归零，所以作为整体，该电路也可称为八进制计数器。

由于这种结构计数器的时钟脉冲不是同时加到各触发器的时钟端，而只加至最低位触发器，其他各位触发器则由相邻低位触发器的输出 Q 来触发翻转，即用低位输出推动相邻高位触发器，3 个触发器的状态只能依次翻转，并不同步，这种结构特点的计数器称为异步计数器。异步计数器结构简单，但计数速度较慢。

表 4 - 10 - 5　　　　　　　　　　　异步二进制计数器状态

计数脉冲	Q_2	Q_1	Q_0
0	0	0	0
1	0	0	1
2	0	1	0
3	0	1	1
4	1	0	0
5	1	0	1
6	1	1	0
7	1	1	1
8	0	0	0

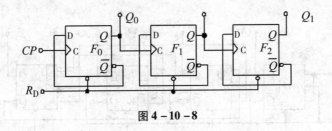

图 4 – 10 – 8

（二）3 位异步二进制减法计数器

状态表如表 4 – 10 – 6 所示。

表 4 – 10 – 6　　　　　　　　3 位异步二进制减法计数器状态表

计数脉冲	Q_2	Q_1	Q_0
0	0	0	0
1	1	1	1
2	1	1	0
3	1	0	1
4	1	0	0
5	0	1	1
6	0	1	0
7	0	0	1
8	0	0	0

（三）同步十进制加法计数器

表 4 – 10 – 7　　　　　　　　同步十进制加法计数器状态表

计数脉冲	8421 编码				十进制数
	Q_3	Q_2	Q_1	Q_0	
0	0	0	0	0	0
1	0	0	0	1	1
2	0	0	1	0	2
3	0	0	1	1	3
4	0	1	0	0	4
5	0	1	0	1	5
6	0	1	1	0	6
7	0	1	1	1	7
8	1	0	0	0	8
9	1	0	0	1	9
10	0	0	0	0	0

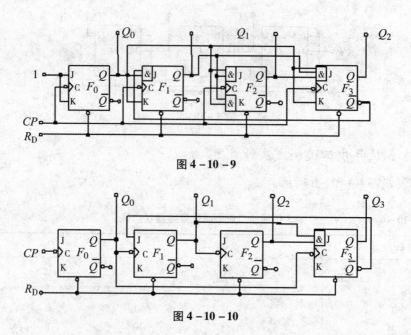

图 4 – 10 – 9

图 4 – 10 – 10

（四）异步十进制加法计数器

设计数器初始状态为 $Q_3Q_2Q_1Q_0 = 0000$，在触发器 F_3 翻转之前，即从 0000 起到 0111 为止，$\overline{Q_3} = 1$，F_0、F_1、F_2 的翻转情况与 3 位异步二进制加法计数器相同。第 7 个计数脉冲到来后，计数器状态变为 0111，$Q_2 = Q_1 = 1$，使 $J_3 = Q_2Q_1 = 1$，而 $K_3 = 1$，为 F_3 由 0 变 1 准备了条件。第 8 个计数脉冲到来后，4 个触发器全部翻转，计数器状态变为 1000。第 9 个计数脉冲到来后，计数器状态变为 1001。这两种情况下 $\overline{Q_3}$ 均为 0，使 $J_1 = 0$，而 $K_1 = 1$。所以第 10 个计数脉冲到来后，Q_0 由 1 变为 0，但 F_1 的状态将保持为 0 不变，而 Q_0 能直接触发 F_3，使 Q_3 由 1 变为 0，从而使计数器回复到初始状态 0000。

第十一节　技能训练

一、基尔霍夫定律的验证

（一）实训目的

1. 验证基尔霍夫定律的正确性，加深对基尔霍夫定律的理解
2. 学会用电流插头、插座测量各支路电流

（二）实训器材

表 4 - 11 - 1　　　　　　　　　　　　设备清单

序号	名称	型号与规格	数量	备注
1	直流可调稳压电源	0～30V	2 路	
2	万用表		1	
3	直流数字电压表	0～200V	1	
4	电位、电压测定实验电路板		1	DGJ - 03

（三）工作原理

基尔霍夫定律是电路的基本定律。测量某电路的各支路电流及每个元件两端的电压，应能分别满足基尔霍夫电流定律（KCL）和电压定律（KVL）。即对电路中的任一个节点而言，应有 $\Sigma I=0$；对任何一个闭合回路而言，应有 $\Sigma U=0$。

运用上述定律时必须注意各支路或闭合回路中电流的正方向（即绕向），此方向可预先任意设定。

（四）实训内容

利用 DGJ - 03 实验挂箱上的"基尔霍夫定律/叠加原理"线路，按图 4 - 11 - 1 接线。

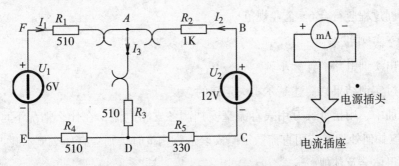

图 4 - 11 - 1　电路图及电流表插头示意

1. 分别将两路直流稳压电源接入电路，令 $U_1=6V$，$U_2=12V$（先调准输出电压值，再接入实训电路中），K_1 打向右边、K_2 打向左边、K_3 打向上边，故障按键1、2、3 全部弹起

2. 实验前先任意设定三条支路和三个闭合回路的电流正方向。图 4 - 11 - 1 中的 I_1、I_2、I_3 的方向已设定。三个闭合回路的电流正方向（即绕向）可设为 ADEFA、BADCB 和 FBCEF

3. 熟悉电流插头的结构，将电流插头的两端接至数字毫安表（或万用表直流电流挡）的"＋、－"两端

4. 将电流插头分别插入三条支路的三个电流插座中，读出并记录电流值

5. 用直流数字电压表（或万用表直流电压挡）分别测量两路电源及电阻元件上的电压值

6. 实训数据记录在表 4 – 11 – 2 中

表 4 – 11 – 2   测量数据表

	I_1 (mA)	I_2 (mA)	I_3 (mA)	U_{EF} (V)	U_{CB} (V)	U_{BC} (V)	U_{FA} (V)	U_{AB} (V)	U_{BA} (V)	U_{AD} (V)	U_{CD} (V)	U_{DC} (V)	U_{DE} (V)
计算值													
测量值													

（五）注意事项

1. 所有需要测量的电压值，均以电压表测量的读数为准

2. 防止稳压电源两个输出端碰线短路

3. 用指针式万用表测量电压或电流时，如果仪表指针反偏，则必须调换仪表极性，重新测量。此时指针正偏，可读得电压或电流值。若用数显电压表或电流表测量，则可直接读出电压或电流值。但应注意：所读得的电压或电流值的正确正、负号应根据设定的电流参考方向来判断。另需注意电流挡的选择，避免因超量程而损坏表

4. 实训过程应符合 6S 企业规范

（六）实训报告

1. 写出实训电路的计算步骤

2. 通过实训结果，简述基尔霍夫定律的含义

3. 实训中，用指针式万用表直流毫安挡测各支路电流，在什么情况下可能出现指针反偏，应如何处理？若用直流数字毫安表进行测量时，则会有什么显示呢

4. 心得体会及其他

实训报告
评分	

（七）实训评估

表 4 – 11 – 3　　　　　　　　　　　　　　评估与检测

检测项目		评分标准	分值（分）	教师评估
知识理解	基尔霍夫定律	熟悉基尔霍夫定律的原理	15	
操作技能	电路连接	能够熟练连接实训电路和检测设备	20	
	定律验证	能够按要求熟练测量电路的各项参数，并得出结论	25	
	安全操作	安全用电，按章操作，遵守实验室管理制度	10	
	现场管理	按 6S 企业管理体系要求，进行现场管理	10	
	实训报告	内容正确，条理清晰	20	
总　分			100	

二、晶体管共射极单管放大器

（一）实训目的

1. 学习放大器静态工作点的调试方法，分析静态工作点对放大器性能的影响

2. 掌握放大器电压放大倍数和最大不失真输出电压的测试方法

3. 熟悉常用电子仪器及模拟电路实训设备的使用

（二）实训器材

1. +12V 直流电源

2. 函数信号发生器

3. 双踪示波器

4. 万用电表

5. 元件若干，清单如表 4 – 11 – 4 所示

表 4 – 11 – 4　　　　　　　　　　　　　　元件清单

序号	元器件	名称	参数	数量
1	R、$Rb1$	电阻	10kΩ	2
2	Rc	电阻	2kΩ	1
3	Re	电阻	1kΩ	1

续　表

序号	元器件	名称	参数	数量
4	R_W	电位器	50kΩ	1
5	$C1$、$C2$	电解电容	10μF/16V	2
6	Ce	电解电容	47μF/16V	1
7	VT	三极管	9013	1

（三）工作原理

图4-11-2为电阻分压式工作点稳定单管放大器实训电路图。它的偏置电路采用 R_{B1} 和 R_{B2} 组成的分压电路，并在发射极中接有电阻 R_E，以稳定放大器的静态工作点。当在放大器的输入端加入输入信号 U_i 后，在放大器的输出端便可得到一个与 U_i 相位相反，幅值被放大了的输出信号 U_0，从而实现了电压放大。

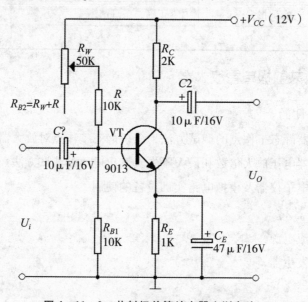

图4-11-2　共射极单管放大器实训电路

在图4-11-2电路中，当流过偏置电阻 R_{B1} 和 R_{B2} 的电流远大于晶体管 T 的基极电流 I_B 时（一般 5～10 倍），则它的静态工作点可用下式估算：

$$U_B \approx \frac{R_{B1}}{R_{B1} + R_{B2}} U_{CC}$$

$$U_{BE} = U_B - U_E$$

$$I_E \approx \frac{U_B - U_{BE}}{R_E} \approx I_C$$

$$U_{CE} = U_{CC} - I_C \ (R_C + R_E)$$

电压放大倍数

$$A_V = -\beta \frac{R_C // R_L}{r_{be}}$$

1. 放大器静态工作点的测量与调试

（1）静态工作点的测量

测量放大器的静态工作点，应在输入信号 $U_i = 0$ 的情况下进行。用万用表分别测量晶体管的集电极电流 I_C 以及各电极对地的电位 U_B、U_C 和 U_E。一般实训中，为了避免断开集电极，所以采用测量电压 U_E 或 U_C，然后算出 I_C 的方法，例如，只要测出 U_E，即可用：

$$I_C \approx I_E = \frac{U_E}{R_E} \text{算出} I_C \ (\text{也可根据} I_C = \frac{U_{CC} - U_C}{R_C}, \ \text{由} U_C \text{确定} I_C)$$

同时也能算出 $U_{BE} = U_B - U_E$，$U_{CE} = U_C - U_E$。

（2）静态工作点的调试

放大器静态工作点的调试是指对管子集电极电流 I_C（或 U_{CE}）的调整与测试。静态工作点是否合适，对放大器的性能和输出波形都有很大影响。如工作点偏高，放大器在加入交流信号以后易产生饱和失真，此时 u_o 的负半周将被削底，如图 4 – 11 – 3（a）所示；如工作点偏低则易产生截止失真，即 u_o 的正半周被缩顶（一般截止失真不如饱和失真明显），如图 4 – 11 – 3（b）所示。这些情况都不符合不失真放大的要求。所以在选定工作点以后还必须进行动态调试，即在放大器的输入端加入一定的输入电压 U_i，检查输出电压 U_0 的大小和波形是否满足要求。如不满足，则应调节静态工作点的位置。

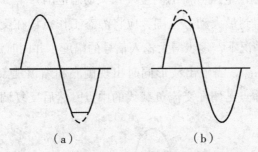

（a）　　　　　　　　（b）

图 4 – 11 – 3　静态工作点对 U_0 波形失真的影响

改变电路参数 U_{CC}、R_C、R_B（R_{B1}、R_{B2}）都会引起静态工作点的变化，如图 4 – 11 – 4 所示。但通常多采用调节偏置电阻 R_{B2} 的方法来改变静态工作点，如减小 R_{B2}，则可使静态工作点提高等。

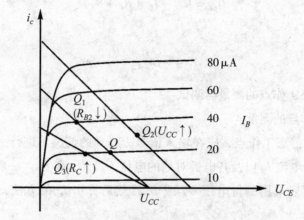

图 4 – 11 – 4   电路参数对静态工作点的影响

最后还要说明的是，上面所说的工作点"偏高"或"偏低"不是绝对的，应该是相对信号的幅度而言，如输入信号幅度很小，即使工作点较高或较低也不一定会出现失真。所以确切地说，产生波形失真是信号幅度与静态工作点设置配合不当所致。如需满足较大信号幅度的要求，静态工作点最好尽量靠近交流负载线的中点。

2. 电压放大能力的测量

（1）电压放大倍数 A_V 的测量

调整放大器到合适的静态工作点，然后加入输入电压 u_i，在输出电压 u_0 不失真的情况下，用示波器表测出 U_i 和 U_0 的峰峰值，则

$$A_V = \frac{U_0}{U_i}$$

（2）最大不失真输出电压 U_{OPP} 的测量（最大动态范围）

如上所述，为了得到最大动态范围，应将静态工作点调在交流负载线的中点。为此在放大器正常工作情况下，逐步增大输入信号的幅度，并同时调节 R_W（改变静态工作点），用示波器观察 u_0，当输出波形同时出现削底和缩顶现象（如图 4 – 11 – 5 所示）时，说明静态工作点已调在交流负载线的中点。然后反复调整输入信号，使波形

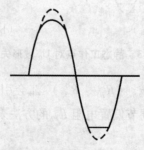

图 4 – 11 – 5   静态工作点正常，输入信号太大引起的失真

输出幅度最大,且无明显失真时,用示波器直接读出 U_{OPP} 的峰峰值。

（四）实训内容

实训电路如图 4 - 11 - 2 所示。为防止干扰,各仪器的公共端必须连在一起,同时信号源、交流毫伏表和示波器的引线应采用专用电缆线或屏蔽线,如使用屏蔽线,则屏蔽线的外包金属网应接在公共接地端上。

1. 测试静态工作点

接通直流电源前,先将 R_W 调至 20K,函数信号发生器输出旋钮旋至零。接通 +12V 电源,用万用表测量静态数据,记入表 4 - 11 - 5。

表 4 - 11 - 5   静态数据

测 量 值				计 算 值		
U_B（V）	U_E（V）	U_C（V）	I_E（mA）	U_{BE}（V）	U_{CE}（V）	I_E（mA）

2. 测量电压放大倍数 A_V

在放大器输入端加入频率为 1kHz 的正弦信号 u_i,用示波器观测输出信号并计算电压放大倍数,记入表 4 - 11 - 6。

表 4 - 11 - 6   动态数据

测量值			计算值
输入信号峰峰值 u_i（mV）	输出信号峰峰值 u_o（mV）	电压放大倍数 A_V	电压放大倍数 A_V
50 mV			
100 mV			

3. 调节 R_W 使放大电路拥有足够大但不失真的放大能力。记录此时的数据,记入表 4 - 11 - 7

表 4 - 11 - 7   最大不失真的放大能力

R_W	最大不失真输入（mV）	最大不失真输出（mV）	电压放大倍数 A_V

（五）实训报告

1. 简述共射级放大电路的工作原理

2. 写出实训电路的计算步骤

3. 讨论静态工作点变化对放大器输出波形的影响

4. 分析讨论在调试过程中出现的问题

5. 心得体会及其他

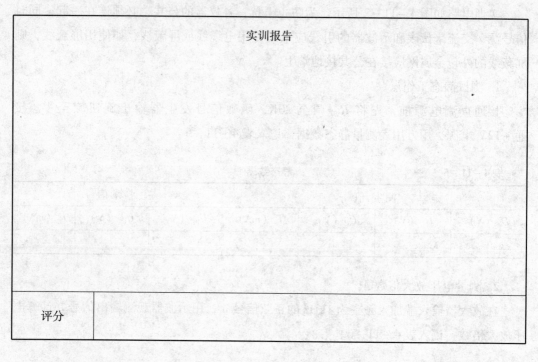

实训报告
评分	

（六）实训评估

表 4 – 11 – 8 评估与检测

检测项目		评分标准	分值（分）	教师评估
知识理解	放大电路	熟悉各类放大电路的结构和工作原理	15	
	电路分析	了解共射级放大电路性能分析的方法	10	
操作技能	放大电路设计	按要求正确连接共射级电路和检测设备	15	
	放大电路分析	按要求测量和分析共射级电路，并将数据和图形填入表格	30	
	安全操作	安全用电，按章操作，遵守实验室管理制度	10	
	现场管理	按 6S 企业管理体系要求，进行现场管理	10	
	实训报告	内容正确，条理清晰	10	
总　分			100	

三、集成功率放大器制作

（一）实训目的

1. 掌握互补对称放大器的结构和工作原理

2. 了解功率放大集成块的应用

3. 加深各类元件在实用电路中的典型用法

4. 提高电路综合设计、装配和检测技术

（二）实训器材

1. 电烙铁

2. 辅助工具

3. 焊料（焊锡丝）、助焊剂（松香）

4. 单孔万能板

5. 直流电源

6. 函数信号发生器

7. 双踪示波器

8. 万用表

9. 元件若干，清单如表 4 – 11 – 9 所示

表 4 – 11 – 9　　　　　　　　　　元件清单

序号	元器件	名称	参数	数量
1	$R1$、$R2$	电阻	100Ω	2
2	$C1$、$C11$	电解电容	$4.7\mu F/16V$	2
3	$C2$、$C12$	电解电容	$33\mu F/16V$	2
4	$C3$、$C8$、$C13$、$C18$	电解电容	$220\mu F/16V$	4
5	$C4$、$C7$、$C14$、$C17$	电解电容	$100\mu F/16V$	4
6	$C5$、$C6$、$C15$、$C16$	瓷片电容	$1000pF$	4
7	$C9$、$C19$	电解电容	$470\mu F/16V$	2
8	$C10$、$C20$	涤纶电容	$0.15\mu F$	2
9	$IC1$、$IC2$	集成功放	LA4112	2
10	Left、Right	扬声器	8Ω	2

（三）工作原理

集成功率放大器由集成功放块和一些外部阻容元件构成。它具有线路简单，性能优

越，工作可靠，调试方便等优点，已经成为在音频领域中应用十分广泛的功率放大器。

集成功放块的种类很多。本实训采用的集成功放块型号为 LA4112，它的内部电路如图 4 -11 -6 所示，由三级电压放大，一级功率放大以及偏置、恒流、反馈、退耦电路组成。

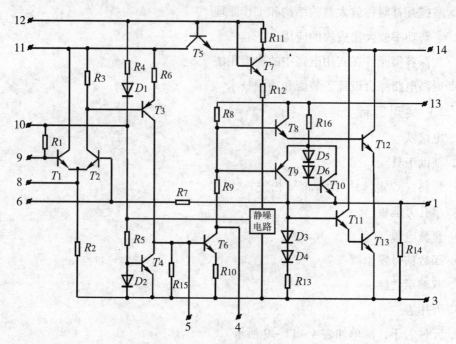

图 4 -11 -6　LA4112 内部电路图

1. 电压放大级

第一级选用由 T_1 和 T_2 管组成的差动放大器，这种直接耦合的放大器零漂较小，第二级的 T_3 管完成直接耦合电路中的电平移动，T_4 是 T_3 管的恒流源负载，以获得较大的增益；第三级由 T_6 管等组成，此级增益最高，为防止出现自激振荡，需在该管的 B、C 极之间外接消振电容。

2. 功率放大级

由 $T_8 \sim T_{13}$ 等组成复合互补推挽电路。为提高输出级增益和正向输出幅度，需外接"自举"电容。

3. 偏置电路

为建立各级合适的静态工作点而设立。

除上述主要部分外，为了使电路工作正常，还需要和外部元件一起构成反馈电路来稳定和控制增益。同时，还设有退耦电路来消除各级间的不良影响。

LA4112 集成功放块是一种塑料封装十四脚的双列直插器件，它的外形如图 4 -11 -7 所示。

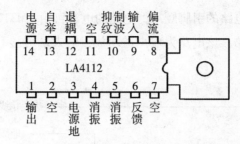

图 4 – 11 – 7   **LA4112 外形及管脚排列图**

与 LA4112 集成功放块技术指标相同的国内外产品还有 FD403；FY4112；D4112 等，可以互相替代使用。

（四）实训内容

1. 电路制作

按图 4 – 11 – 8 连接实训电路，输入端接函数信号发生器，输出端接扬声器。

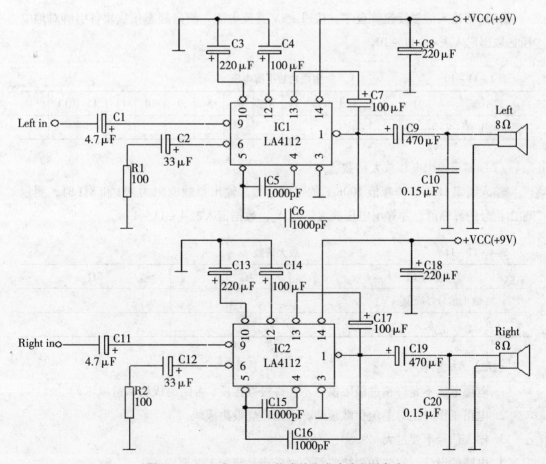

图 4 – 11 – 8   **由 LA4112 构成的集成功放实训电路**

制作时应注意集成电路的引脚顺序，电路的电源可由 LM317 连续可调稳压电源电路供电，正负极不应接错。该电路为双声道功放，输入端可接耳机插针，插针接线规则如图 4 –11 –9 所示。

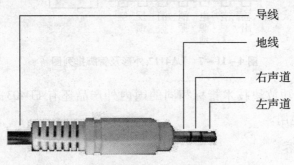

图 4 –11 –9 耳机插针

2. 电路检测

（1）将输入信号旋钮旋至零，接通 +9V 直流电源，测量静态集成块各引脚对地电压，数据记入表 4 –11 –10。

表 4 –11 –10 集成功放引脚电压

引脚	1	2	3	4	5	6	7	8	9	10	11	12	13	14
测量电压值（V）														

（2）测量输出电压放大倍数 A_u。

输入频率1kHz、峰峰值100mV 的正弦信号，输出负载电阻为4Ω 和8Ω 时，测量输出信号的峰峰值，并算出电压放大倍数 A_u，数据记入表 4 –11 –11。

表 4 –11 –11 放大倍数

负载电阻	4Ω	8Ω
输出信号峰峰值（V）		
A_u		

（五）注意事项

1. 电源电压不允许超过极限值，不允许极性接反，否则集成块将遭损坏

2. 电路工作时绝对避免负载短路，否则将烧毁集成块

3. 输入信号不要过大

4. 电路的设计、安装和焊接应符合电子产品装配工艺要求

5. 实训过程应符合 6S 企业规范

（六）实训报告

1. 简述互补对称放大电路的种类和工作原理
2. 讨论实训中发生的问题及解决办法
3. 心得体会及其他

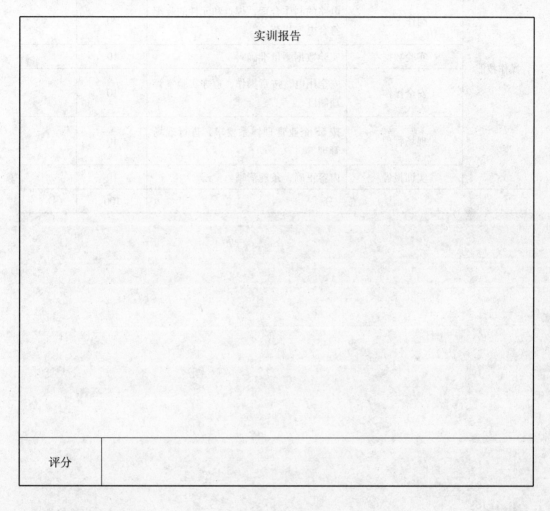

实训报告	
评分	

（七）实训评估

表 4－11－12 评估与检测

	检测项目	评分标准	分值（分）	教师评估
知识理解	差分放大器	了解差分式放大电路的结构和原理	5	
	功放电路	掌握功放电路的工作原理和结构	10	
	集成功率放大器	掌握 LA4112 的引脚功能及其典型应用	5	

检测项目		评分标准	分值（分）	教师评估
操作技能	双声道功放的制作	能够正确安装与调试，且对故障进行排除	20	
	制作工艺	电路的制作合理，焊点和元件的装配符合电气规范	20	
	实验数据	实验数据测量准确	10	
	安全操作	安全用电，按章操作，遵守实验室管理制度	10	
	现场管理	按 6S 企业管理体系要求，进行现场管理	10	
	实训报告	内容正确，条理清晰	10	
总　分			100	

第五章　电子综合技能

第一节　电工识图基础知识

一、电工识图

电工用图是电工工程技术的通用语言，电路和电气设备的设计、安装、调试与维修，都要以相应的电工用图为依据。电工用图是采用国家标准局制定的图形符号和文字符号按规定画法绘制的图纸，其作用是如实地描述电路中各器件的连接关系和安装情况。从事电气操作的人员，必须掌握电工用图基本知识，只有熟练地识图，才能具备电路施工和检修的能力。

表 5-1-1　　　　　　　　　　电阻器、电容器、电感器和变压器

图形符号	名称与说明	图形符号	名称与说明
	电阻器一般符号		电感器、线圈、绕组或扼流图。注：符号中半圆数不得少于 3 个
	可变电阻器或可调电阻器		带磁芯、铁芯的电感器
	滑动触点电位器		带磁芯连续可调的电感器
	极性电容		双绕组变压器 注：可增加绕组数目
	可变电容器或可调电容器		绕组间有屏蔽的双绕组变压器 注：可增加绕组数目
	双联同调可变电容器 注：可增加同调联数		在一个绕组上有抽头的变压器
	微调电容器		

表 5 – 1 – 2　　　　　　　　　　　　**半导体管**

图形符号	名称与说明	图形符号	名称与说明
	二极管的符号	(1)　　　(2)	JFET 结型场效应管 （1）N 沟道 （2）P 沟道
	发光二极管		
	光电二极管		PNP 型晶体三极管
	稳压二极管		NPN 型晶体三极管
	变容二极管		全波桥式整流器

表 5 – 1 – 3　　　　　　　　　　　　**其他电气图形符号**

图形符号	名称与说明	图形符号	名称与说明
	具有两个电极的压电晶体注：电极数目可增加	或	接机壳或底板
	熔断器		导线的连接
	指示灯及信号灯		导线的不连接
	扬声器		动合（常开）触点开关
	蜂鸣器		动断（常闭）触点开关
	接大地		手动开关

二、电路检测常用方法

（一）直观法

1. 原理

直观法是通过人的眼睛或其他感觉器官去发现故障、排除故障的一种检修方法。

2. 应用

直观法是最基本的检查故障的方法之一，实施过程应坚持先简单后复杂、先外面后里面的原则。实际操作时，首先面临的是如何打开机壳的问题，其次是对拆开的电器内的各式各样的电子元器件的形状、名称、代表字母、电路符号和功能都能一一对上号。即能准确地识别电子元器件。作为直观法主要有两个方面的检查内容：其一是对实物的观察；其二是对图像的观察。前者适合于各种检修场合，后者主要用于有图像的视频设备，如电视机等。

直观法检修时，主要分成以下三个步骤：

（1）打开机壳之前的检查：观察电器的外表，看有无碰伤痕迹，机器上的按键、插口、电器设备的连线有无损坏等。

（2）打开机壳后的检查：观察线路板及机内各种装置，看保险丝是否熔断；元器件有无相碰、断线；电阻有无烧焦、变色；电解电容器有无漏液、裂胀及变形；印刷电路板上的铜箔和焊点是否良好，有无已被他人修整、焊接的痕迹等，在机内观察时，可用手拨动一些元器件、零部件，以便直观法充分检查。

（3）通电后的检查：这时眼要看电器内部有无打火、冒烟现象；耳要听电器内部有无异常声音；鼻要闻电器内部有无炼焦味；手要摸一些管子、集成电路等是否烫手，如有异常发热现象，应立即关机。

3. 几点说明

（1）直观法的特点是十分简便，不需要其他仪器，对检修电器的一般性故障及损坏型故障很有效果。

（2）直观法检测的综合性较强，它是同检修人员的经验、理论知识和专业技能等紧密结合起来的，要运用自如，需要大量地实践，才能熟练地掌握。

（3）直观法检测往往贯穿在整个修理的全过程，与其他检测方法配合使用时效果更好。

（二）电阻法

1. 原理

电阻法是利用万用表欧姆挡测量电器的集成电路、晶体管各脚和各单元电路的对地电阻值，以及各元器件自身的电阻值来判断故障的一种检修方法。

2. 应用

电阻法是检修故障的最基本的方法之一。一般而言，电阻法有"在线"电阻测量和"脱焊"电阻测量两种方法。

"在线"电阻测量，由于被测元器件接在整个电路中，所以万用表所测得的阻值受到其他并联支路的影响，在分析测试结果时应给予考虑，以免误判。正常所测的阻值会比元器件的实标标注阻值相等或小，不可能存在大于实标标注阻值，若是，则所测的元器件存在故障。

"脱焊"电阻测量，由于被测元器件一端或将整个元器件从印刷电路板上脱焊下来，再用万用表电阻的一种方法，这种方法操作起来较烦琐，但测量的结果却准确、可靠。

（1）开关件检测

各种电器中的开关组件很多，测量它们的接触电阻和断开电阻是判断开关组件质量好坏最常用的手段。在线电阻测量开关的接触电阻应小于 0.5Ω，否则为接触不良。断开电阻一般应大于几千欧为正常。

（2）元器件质量检测

电阻法可以判断电阻、电容、电感线圈、晶体管的质量好坏。

电阻法操作时，一般是先测试在线电阻的阻值。测得各元器件阻值后，万用表的红、黑表棒要互换一次后，再测试一次阻值。这样做可排除外电路网络对测量结果的干扰。两次测试阻值的结果要分析做参考用。对重点怀疑的元器件可脱焊进一步检测。

（3）接插件的通断检测

电器内部的接插件很多，如：耳机插座、电源转换插座、线路板上的各式各样的接插组件等，均可用电阻法测试其好坏。如：对圆孔型插座可通过插头插入与拔出来检测接触电阻。对其他接插组件检测时，可通过摆动接插件来测其接触电阻，若阻值大小不定，说明有接触不良故障。

3. 几点说明

（1）电阻法对检修开路或短路性故障十分有效。检测中，往往先采用在线测试，在发现问题后，可将元器件拆下后再检测。

（2）在线测试一定要在断电情况下进行，否则测的结果不准确，还会损伤、损坏万用表。

（3）在检测一些低电压（如 5V、3V）供电的集成电路时，不要用万用表的 R×10k 挡，以免损坏集成电路。

（4）电阻法在线测试元器件质量好坏时，万用表的红黑表棒要互换测试，尽量避免外电路对测量结果的影响。

（三）电压法

1. 原理

电压法是通过测量电子线路或元器件的工作电压并与正常值进行比较来判断故障的一种检测方法。

2. 应用

电压法检测是所有检测手段中最基本、最常用的方法。经常测试的电压是各级电源电压、晶体管的各极电压以及集成块各脚电压等。一般而言，测得电压的结果是反映电器工作状态是否正常的重要依据。电压偏离正常值较大的地方，往往是故障所在的部位。

电压法可分为直流电压检测和交流电压检测两种。

（1）交流电压的检测

一般电器的电路中，因市电交流回路较少，相对而言电路不复杂，测量时较简单。一般可用万用表的交流 500V 电压挡测电源变压器的初级端，这时应用 220V 电压，若没有，故障可能是保险丝熔断，电源线及插头有损坏。若交流电压正常，可测电源变压器次级端，看是否有低压，若无低压，则可能是初级端，这时应用 220V 电压，若没有，故障可能是保险丝熔断，电源线及插头有损坏。若交流电压正常，可测电源变压器次级端，看是否有低压，若无低压，则可能是初级线圈开路性故障较大。而次级开路性故障很小，因为次级电压低，线圈烧断的可能性不大。电压法检测中，要养成单手操作习惯，测高压时，要注意人身安全。

（2）直流电压的检测

对直流电压的检测，首先从整流电路、稳压电路的输出输入手，根据测得的输出端电压高低来进一步判断哪一部分电路或某个元器件有故障。

对测量放大器每一级电路电压，首先应该从级电源电路元器件着手，通常电压过高或过低均说明电路有故障。

直流电压法还可检测集成电路的各脚工作电压。这时要根据维修资料提供的数据与实测值比较来确定集成电路的好坏。

在无维修资料时，平时积累经验是很重要的。如：收录机按下放音键时，空载的直流工作电压比加载时要高出几伏。一般电器整机的直流工作电压等于功放集成电路的工作电压。电解电容的两端电压，正极高于负极。这些经验对检测及判断带来方便。

3. 几点说明

（1）通常检测交流电压和直流电压可直接用万用表测量，但要注意万用表的量程和挡位的选择。

（2）电压测量是并联测量，要养成单手操作习惯，测量过程中必须精力集中，以免万用表笔将两个焊点短路。

（3）在电器内有多于 1 根地线时，要注意找对地线后再测量。

（四）电流法

1. 原理

电流法是通过检测晶体管、集成电路的工作电流，各局部的电流和电源的负载电流来判断电器故障的一种检修方法。

2. 应用

电流法检测电子线路时，可以迅速找出晶体管发热、电源变压器等元器件发热的原因，也是检测各管子和集成电路工作状态的常用手段。电流法检测时，常需要断开电路。把万用表串入电路，这一步实现起来较麻烦。但遇到电路烧保险丝或局部电路有短路时，采用电流法测试结果比较说明问题。

电流法检测可分直接测量法和间接测量法两种。

电流法的间接测量实际上是用测电压来换算电流或用特殊的方法来估算电流的大小。欲测晶体管该级电流时，可以通过测量其集电极或发射极上串联电阻上的压降换算出电流值。

这种方法的好处是无须在印刷电路板上制造测量口。另外有些电器在关键电路上设置了温度保险电阻。通过测量这类电阻上的电压降，再应用欧姆定律，可估算出各电路中负载的电流的大小。若某路温度保险电阻烧断，可直接用万用表的电流挡测电流大小，来判断故障原因。

3. 几点说明

（1）遇到电器烧保险丝或局部电路有短路时，采用电流法检测效果明显。

（2）电流是串联测量，而电压是并联测量，实际操作时往往先采用电压法测量，在必要时才进行电流法检测。

（五）代换试验法

1. 原理

代换试验法是用规格相同、性能良好的元器件或电路，代替故障电器上某个被怀疑而又不便测量的元器件或电路，从而来判断故障的一种检测方法。

2. 应用

代换试验法在确定故障原因时准确性为百分之百，但操作时比较麻烦，有时很困难，对线路板有一定的损伤。所以使用代换试验法要根据电器故障具体情况，以及检修者现有的备件和代换的难易程度而定。应该注意，在代换元器件或电路的过程中，连接要正确可靠，不要损坏周围其他元件，这样才能正确地判断故障，提高检修速度，而又避免人为造成故障。

操作中，如怀疑两个引脚的元器件开路时，可不必拆下它们，而是在线路板这个元器件引脚上再焊上一个同规格的元器件，焊好后故障消失，证明被怀疑的元器件是开路。

当怀疑某个电容器的容量减小时，也可以采用上述直接并联的方式。

当代换局部电路时，如怀疑某一级放大器有故障，可将此级放大器输出端断开，另找一台同型号或同类工作正常的机器，在同样的部位断开，将好的机器断开点之前工作正常。再将断开点移至所怀疑这及放大器的输入端，再作上述代换试验，若此时故障出现，则说明怀疑是正确的，否则可排除怀疑对象。以上这种代换检测尤其适合于双声道音响的疑难故障的修理，因为双声道电器的左、右声道电路是完全一样的，这为交 * 代换带来方便。

3. 几点说明

（1）严禁大面积地采用代换试验法，胡乱取代。这不仅不能达到修好电器的目的，甚至会进一步扩大故障的范围。

（2）代换试验法一般是在其他检测方法运用后，对某个元器件有重大怀疑时才采用。

（3）当所要代替的元器件在机器底部时，也要慎重使用代换试验法，若必须采用时，应充分拆卸，使元器件暴露在外，有足够大的操作空间，便于代换处理。

（六）示波器法

1. 原理

示波器法是利用示波器跟踪观察信号通路各测试点，根据波形的有无、大小和是否失真来判断故障的一种检修方法。

2. 应用

示波器法的特点在于直观、迅速有效。有些高级示波器还具有测量电子元器件的功能，为检测提供了十分方便的手段。

（1）A 类晶体管放大器的波形测试

为保证 A 类放大器无失真输出，其晶体管基极偏置电阻 Rb 的集电极电阻 Re 必须选择得合适，否则输出端会产生波形失真。示波器法可方便地观察出其波形失真与否。

（2）B 源晶体管放大器的波形测试

B 类推挽放大器偏置在截止区，没有信号时静态电流很小。但由于集电极电流的非线性，在信号振幅通过零点并从一个管到另一个管交替时，会产生交 * 失真。为了防止集电极电流完全截止，应在推挽晶体管基极加微小的偏压。借助于示波器，可以观察波形对电阻参数的选择。

3. 几点说明

（1）示波器法的特点在于直观，通过示波器可直接显示信号波形，也可以测量信号的瞬时值。

（2）不能用示波器去测量高压或大幅度脉冲部位，如电视机中显像管的加速极与聚集极的探头。

（3）当示波器接入电路时，注意它的输入阻抗的旁路作用。通常采用高阻抗、小输入电容的探头。

（4）示波器的外壳和接地端要良好接地。

三、逻辑推理检测方法

（一）信号注入法

1. 原理

信号注入法是将信号逐级注入电器可能存在故障的有关电路中，然后再利用示波器和电压表等测出数据或波形，从而判断各级电路是否正常的一种检测方法。

2. 应用

信号注入法常用于检测收音机、录音机或电视机通道部分。对灵敏度低、声音失真等较复杂的故障，该方法检测起来十分有效。

信号注入法检测一般分两种：一种是顺向寻找法。它是把电信号加在电路的输入端，然后再利用示波器或电压表测量各级电路的波形的电压等，从而判断故障出在哪个部位；另一种是逆向检查法，就是把示波器和电压表接在输出端上，然后从后向前逐级加电信号，从而查出问题所在。

测试中需要强调的是：

（1）信号在什么地方出现，故障就可能在该测试之前，而不是之后。

（2）测试点越靠近扬声器，要求信号幅度也越大，这样才能激励扬声器到足够的音量。因此充分所用设备的性能是很重要的。

（3）音频放大器每级增益为20～30dB，即100～300倍。若某一级要求输入信号过大，则说明该增益太低，需作进一步的检查。

（4）如果信号加到某级上后，发现示波器上的波形有严重的失真，则说明失真可能发生在该级。

综上所述，采用信号注入法可以把故障孤立到某一部分或某一级。有时甚至能判断出是某一元件。例如：某耦合元件。对于故障判断出在某一部分时，可进一步通过别的检测方法检查、核实，从而找出故障所在。

3. 几点说明

（1）信号注入点不同，所用的测试信号不同。在变频级以前要用高频信号，在变频级到检波级之间应注入 465 千赫的信号，在检波级到扬声器之间应注入低频信号。

（2）注入的信号不但要注意其频率，还要选择它的电平。所加的信号电平最好与该点正常工作时的信号电平一致。

（3）因测试点与地之间有直流电位差，故信号发生器的输出端要加端直电容。

（4）检测电路无论是高频放大电路，还是低频放大电路，都选择由基极或集电极注入信号。检修多级放大器，信号从前级逐级向后级检查，也可以从后级逐级向前级检查。

（二）分割法

1. 原理

分割法是把故障有牵连的电路从总电路中分割出来，通过检测，肯定一部分，否定一部分，一步步地缩小故障范围，最后把故障部位孤立出来的一种检测方法。

2. 应用

分割法对电器电路是由多个模块或多个电路板及转插件组合起来的电路，应用起来较方便，例如：某电器的直流保险丝熔断，说明负载电流过大，同时导致电源输出电压下降。要确定故障原因，可将电流表串在直流保险丝处，然后应用分割法将怀疑的那一部分电路与总电路分割开。这时看总电流的变化，若分割开某部分电路后电流降到正常值，说明故障就在分割出来的电路中。

分割法依其分割法不同有对分法、特征点分割法、经验分割法及逐点分割法等。

所谓对分法，是指把整个电路先一分为二，测出故障在哪一半电路中；然后将有故障一半电路再一分为二，这样一次又一次分为二，直到检测出故障为止。

经验分割法则是根据人们的经验，估计故障在哪一级，那么将该级的输入、输出端作为分割点。

逐点分割法，是指按信号的传输顺序，由前到后或由后到前逐级加以分割。其实，在上面介绍的信号注入法已经采用了分割法。

应用分割法检测电路时要小心谨慎，有些电路不能随便断开的要给予重视，不然故障没排除，还会添新的故障。

3. 几点说明

（1）分割法严格说不是一种独立的检测方法，而是要与其他的检测方法配合使用，才能提高维修效率，节省工时。

（2）分割法在操作中要小心谨慎，特别是分割电路时，要防止损坏元器件及集成电路和印刷电路板。

（三）短路法

1. 原理

短路法是用一只电容或一根跨接线来短路电路的某一部分或某一元件，使之暂时失去作用，从而来判断故障的一种检测方法。

2. 应用

短路法主要适用于检修故障电器中产生的噪声、交流声或其他干扰信号等，对于判断电路是否有阻断性故障十分有效。

应用短路法检测电路过程中，对于低电位，可直接用短接线直接对地短路；对于高电位，应采用交流短路，即用 $20\mu F$ 以上的电解电容对地短接，保证直接高电位不变；对电源电路不能随便使用短路法。

例如：有一台收音机噪声大，这时可用一只 $100\mu F$ 电容器，从检波级开路将其输入、输出端短路接地，这样逐级往后进行。当短路某一级的输入端时，收音机仍有噪声，而短路其输出端即无噪声时，那么该级是噪声源也是故障级。从上述介绍中可看到，短路法实质上是一种特殊的分割法。

3. 几点说明

（1）短路法只适用于噪声大的故障，对交流声和啸叫故障不适用。作为啸叫故障往往发生在环路范围内，在这一环路内任一处进行短接，将破坏自激的幅度条件，使啸叫声消失，导致无法准确搞清楚故障的具体部位。

（2）短路法检测主要是放大管的基极、发射极之间短接。不可采用集电极对地短路。

（3）对于直耦式放大器，在短接一只管子时将影响其他晶体管的工作点，这点有时会引起误判。

第二节　技能训练

一、单晶体管简易稳压电路制作

（一）实训目的

1. 掌握电路设计和布线技术
2. 通过制作，加深对基本电源电路结构的认识与工作特点的理解

（二）实训器材

1. 电烙铁
2. 辅助工具

3. 焊料（焊锡丝）、助焊剂（松香）

4. 单孔万能板

5. 元件若干，清单如表 5 - 2 - 1 所示

表 5 - 2 - 1　　　　　　　　　元件清单

序号	元器件	名称	参数	数量
1	R1	电阻	51Ω	1
2	D1 ~ D4	整流二极管	IN4007	4
3	D5	发光二极管		1
4	D6	稳压二极管	9.1V	1
5	C1、C2	电容	100μF/25V	2
6	T1	变压器	12V	1
7	S1	开关		1

（三）实训内容

1. 工作原理

该电源电路为典型的单晶体管稳压电路，正常输出电压为 +9V 左右，其电路简单，制作方便。电路图如图 5 - 2 - 1 所示。220V 市电经 T1 降压、D1 ~ D4 整流形成脉动直流电，C1、C2 和 R1 对其进行滤波，随后利用稳压二极管 D6 的反向特性进行稳压。D5 在电路中起指示灯的作用，用于直观判断整流电路是否正常工作。

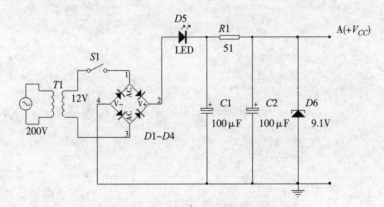

图 5 - 2 - 1　简易稳压电源电路原理

2. 制作与调试

电路制作成功时 D5 能够发光，且测量输出电压（A 点与地的电压，也即稳压管两端电压）应为 9V 左右。制作时应注意二极管与电容的正负引脚不能接错。制作在单孔万能板上进行，板上元器件布局应排列整齐美观、分布均匀，板上信号流程科学合理，

万能板不相邻的焊盘间需要连接时应用导线在元件面做跳线进行连接或在焊接面用导线去皮浸锡后直接在焊盘之间逐点焊接，同时注意导线间布局或走线不能出现交叉和导线过长弯曲现象。

（四）注意事项

1. 稳压管必须反接，电容极性不能接错

2. 电源输出不能短路

3. 变压器在安装时必须保证进出线的绝缘包裹，防止意外触电

4. 装配前，应用万用表对元件进行检测和归类，防止对性能不良的元器件进行装配

5. 制作前应先在板上进行设计和假装配，做到胸中有数

6. 电路的设计、安装和焊接应符合电子产品装配工艺要求

7. 实训过程应符合 6S 企业规范

（五）实训报告

1. 简述简单稳压电路的结构和工作原理

2. 心得体会及其他

	实训报告
评分	

（六）实训评估

表 5-2-2   实训评估

检测项目		评分标准	分值（分）	教师评估
知识理解	整流电路	掌握各类整流电路的结构	10	
	滤波电路	熟悉各类滤波电路的特性	10	
	单晶体管稳压电路	熟悉单晶体管稳压电路的结构、原理和应用方法	10	
操作技能	稳压电源的制作	能够正确安装与调试，且对一般性故障进行排除	20	
	制作工艺	电路的制作合理，焊点和元件的装配符合电气规范	20	
	安全操作	安全用电，按章操作，遵守实验室管理制度	10	
	现场管理	按 6S 企业管理体系要求，进行现场管理	10	
	实训报告	内容正确，条理清晰	10	
总　分			100	

二、闪烁灯制作

（一）实训目的

1. 掌握三极管的工作方式和原理

2. 了解多谐振荡电路的结构与工作原理

3. 提高电路综合设计和装配技术

（二）实训器材

1. 电烙铁

2. 辅助工具

3. 焊料（焊锡丝）、助焊剂（松香）

4. 单孔万能板

5. 元件若干，清单如表 5-2-3 所示

表 5 – 2 – 3 元件清单

序号	元器件	名称	参数	数量
1	R2、R5	电阻	150Ω	2
2	R3、R4	电阻	33kΩ	2
3	D7、D8	发光二极管		2
4	Q1、Q2	三极管	9013	2
5	C3、C4	电容	33μF	2

（三）实训内容

1. 工作原理

该电路为典型无稳态多谐振荡电路，电路图如图 5 – 2 – 2 所示。它基本上是由两级 R C 耦合放大器组成的，其中每一级的输出耦合到另一级的输入。各级三极管交替地导通和截止，从而驱动发光管交替闪烁。调整 C3、R2 和 C4、R5 的数值，可以使两只三极管的导通时间不同，从而改变发光管闪烁速度。

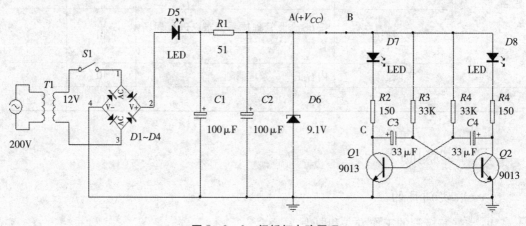

图 5 – 2 – 2 闪烁灯电路原理

2. 制作与调试

电路制作成功时 D7、D8 能够交替闪烁，且用示波器可以测量到 C 点波形。制作时应注意三极管的引脚分布不能接错，振荡器的电源既可来自单晶体管简易稳压电源电路的 +9V 直流输出（图 5 – 2 – 2 即为这种供电方式），也可由 LM317 连续可调稳压电源电路供电，正、负极不要接错。

（四）注意事项

1. 装配前，应用万用表对元件进行检测和归类，防止对性能不良的元器件进行装配

2. 制作前，应先在板上进行设计和假装配，做到胸中有数

3. 电路的设计、安装和焊接应符合电子产品装配工艺要求

4. 实训过程应符合 6S 企业规范

（五）实训报告

1. 简述晶体管振荡电路的工作原理

2. 心得体会及其他

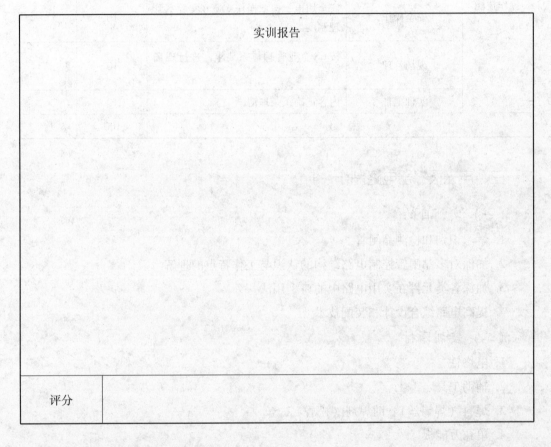

实训报告
评分

（六）实训评估

表 5－2－4   实训评估

检测项目		评分标准	分值（分）	教师评估
知识理解	三极管	了解三极管的开关特性在电路上的典型应用	15	
	振荡电路	熟悉振荡电路的结构、原理和应用方法	15	

检测项目		评分标准	分值（分）	教师评估
操作技能	闪烁灯的制作	能够正确安装与调试，且对故障进行排除	20	
	制作工艺	电路的制作合理，焊点和元件的装配符合电气规范	20	
	安全操作	安全用电，按章操作，遵守实验室管理制度	10	
	现场管理	按 6S 企业管理体系要求，进行现场管理	10	
	实训报告	内容正确，条理清晰	10	
总　分			100	

三、声光报警器电路制作

（一）实训目的

1. 学习识别和检测晶闸管
2. 加深对多晶闸管控制电路结构的认识与工作特点的理解
3. 加深各类元件在实用电路中的典型用法
4. 提高电路综合设计和装配技术

（二）实训器材

1. 电烙铁
2. 辅助工具
3. 焊料（焊锡丝）、助焊剂（松香）
4. 单孔万能板
5. 直流电源
6. 元件若干，清单如表 5 - 2 - 5 所示

表 5 - 2 - 5　　　　　　　　　　元件清单

序号	元器件	名称	参数	数量
1	$R6$、$R8$	电阻	$100k\Omega$	2
2	$R7$、$R9$	电阻	$2k\Omega$	2
3	$R10$、$R11$	电阻	470Ω	2

续　表

序号	元器件	名称	参数	数量
4	R12	电阻	200Ω	1
5	R13	电阻	1kΩ	1
6	D9、D10	二极管	IN4007	2
7	D11、D12	发光二极管		2
8	Q3～Q6	三极管	9013	4
9	Q7、Q8	单向晶闸管	PCR406	2
10	C5、C6	电容	10μF	2
11	JP1、JP2	跳线		2
12	U1	有源蜂鸣器	200Hz	1

（三）工作原理

1. 晶闸管

晶闸管为三端元件，其三极从左到右分别是阴极、门极（控制极）和阳极，晶闸管的导通和关断条件参看表 5 - 2 - 6。

表 5 - 2 - 6　　　　　　　　　　晶闸管开关条件

状　态	条　件	说　明
从关断到导通	1. 阳极电位高于阴极电位 2. 控制极有足够的正向电压和电流	两者缺一不可
维持导通	1. 阳极电位高于阴极电位 2. 阳极电流大于维持电流	两者缺一不可
从导通到关断	1. 阳极电位低于阴极电位 2. 阳极电流小于维持电流	任意条件即可

鉴别可控硅三个极的方法很简单，根据 PN 结的原理，只要用万用表测量一下三个极之间的电阻值就可以。

阳极与阴极之间的正向和反向电阻在几百千欧以上，阳极和控制极之间的正向和反向电阻在几百千欧以上（它们之间有两个 PN 结，而且方向相反，因此阳极和控制极正反向都不通）。

控制极与阴极之间是一个 PN 结，因此它的正向电阻在几欧～几百欧的范围，反向电阻比正向电阻要大。可是控制极二极管特性是不太理想的，反向不是完全呈阻断状态的，可以有比较大的电流通过，因此，有时测得控制极反向电阻比较小，并不能说明控制极特性不好。另外，在测量控制极正反向电阻时，万用表应放在 R×10 或 R×1 挡，防止电压过高控制极反向击穿。

若测得元件阴阳极正反向已短路，或阳极与控制极短路，或控制极与阴极反向短路，或控制极与阴极短路，说明元件已损坏。

2. 工作原理

断线声光报警器电路图如图 5 - 2 - 3 所示。它是由两路单向晶闸管控制电路构成的。

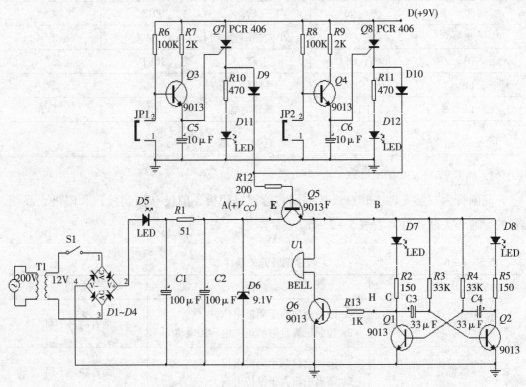

图 5 - 2 - 3　断线声光报警器电路原理

当跳线连通时，D（+V_{CC}）的电源分别流经 R6、JP1 和 R8、JP2 到地线，此时，三极管 Q3、Q4 处于截止状态导致晶闸管 Q7、Q8 都无法导通，进而使 Q5 也处于截止状态，这时稳压电源无法给蜂鸣器和闪烁灯电路供应电能，除 D5 外其他发光管都不亮且蜂鸣器不响；当跳线 JP1、JP2 断开时，D（+V_{CC}）的电源对三极管 Q3、Q4 供电，三极管 Q3、Q4 瞬间导通使 C5、C6 充得上正下负的电能，在电源和电容 C5、C6 的配合下晶闸管导通，进而使 Q5 也处于导通状态，此时稳压电源能够给闪烁灯电路供应电能，所有发光管均发亮。闪烁灯产生的脉冲信号可以使 Q6 进入不断的开关状态，从而使蜂鸣器导通发声。

（四）实训内容

按图 5 - 2 - 3 搭接电路，此电路须接入 +9V 电源电路和闪烁灯电路才能工作，安装时应先将电源电路和闪烁灯组合电路的 A、B 两点断开再将报警器 E、F 两点接入，另外还须将 A 与 D、H 与 C 相连才能正常工作。电路安装正确的情况下，当跳线连通时，除 $D5$ 外其他发光管都不亮且蜂鸣器不响，当跳线断开时所有发光管均发亮且 $D7$、$D8$ 交替闪烁蜂鸣器鸣响。制作时应注意蜂鸣器分正负极，晶闸管的引脚分布不要接错。制作时应注意晶闸管的引脚不能接错，电路的电源既可来自单晶体管简易稳压电源电路的 +9V 直流输出（图 5 – 2 – 3 即为这种供电方式），也可由 LM317 连续可调稳压电源电路供电，正负极不要接错。

（五）注意事项

1. 装配前，应用万用表对元件进行检测和归类，防止对性能不良的元器件进行装配

2. 制作前，应先在板上进行设计和假装配，做到胸中有数

3. 电路的设计、安装和焊接应符合电子产品装配工艺要求

4. 实训过程应符合 6S 企业规范

（六）实训报告

1. 简述晶闸管的工作原理和典型应用

2. 心得体会及其他

实训报告	
评分	

（七）实训评估

表 5 - 2 - 7　　　　　　　　　　　实训评估

检测项目		评分标准	分值（分）	教师评估
知识理解	晶闸管电路	熟悉晶闸管特性以及应用方法	10	
	蜂鸣器	了解蜂鸣器的结构、工作原理和分类	10	
操作技能	声光报警器的制作	能够正确安装与调试，且对故障进行排除	30	
	制作工艺	电路的制作合理，焊点和元件的装配符合电气规范	20	
	安全操作	安全用电，按章操作，遵守实验室管理制度	10	
	现场管理	按 6S 企业管理体系要求，进行现场管理	10	
	实训报告	内容正确，条理清晰	10	
总　分			100	